ER IST DA

DER WOLF KEHRT ZURÜCK

KLAUS HACKLÄNDER

ER IST DA

DER WOLF KEHRT ZURÜCK

ecowin

INHALT

VORWORT VON TOBIAS MORETTI

Dass Wölfe oder auch das Wolfsthema zur gesellschaftlichen Problematik geworden sind, ist eigentlich ein Ausdruck unserer Hilflosigkeit in der gesamtheitlichen Wahrnehmung und Betrachtung von Natur und Zivilisation.

Die Diskussion wird bestimmt von Extrempositionen in jede Richtung – radikale Standpunkte von Tierschutzaktivisten einerseits, andererseits das Unverständnis der Menschen, die in den betroffenen Regionen unmittelbar damit konfrontiert sind. Lösungsansätze werden durch schlichte ideologisierte Polemik im Keim erstickt, eine sachliche, ausgewogene Analyse der Probleme ist schier unmöglich geworden.

In meinem gesellschaftlichen Verständnis versuche ich immer, aus gesamtheitlichen Positionen zu lernen. Das heißt auch, dass man manchmal eine gewohnte Perspektive oder Haltung überdenken muss; Dinge verändern sich eben, so wie sich auch die Situation der Wolfspopulation drastisch verändert hat. Der Wolf fasziniert durch seine außerordentliche Intelligenz, seine Anpassungs- und Lernfähigkeit. Daher sind aber auch alle apodiktischen Behauptungen über sein Verhalten und sein Gefährdungspotenzial relativ, weil langfristige Erfahrungen mit Wölfen, die sich menschlichem Lebensraum so weit nähern, fehlen, ebenso Erfahrungen mit dem unberechenbaren Verhalten von Hybriden, die nicht nur in Italien ein Faktum geworden sind.

Durch die Tendenz der letzten Jahre, Kulturlandschaften als usurpierte Naturlandschaften zu verstehen, hat sich ein abstraktes Verhältnis zur Natur entwickelt: so als wäre Natur nur das, was sich selbst überlassen ist, und nicht ebenso kultivierter, bewirtschafteter Lebensraum – also Kulturlandschaft wie beispielsweise unsere Bergwelten, unsere Auen, unsere Almen, die teils eine höhere Biodiversität aufweisen als Flächen, deren Bewirtschaftung aufgegeben wurde.

Die Rückkehr des Wolfs wird also – romantisierend – als eine Rückkehr der Natur gefeiert, so als würde sich die Natur Lebensraum zurückerobern, den ihr der Mensch genommen hätte. So wie noch Anfang des letzten Jahrhunderts, zu Zeiten unserer Großeltern, eine völlig übersteigerte Dämonisierung des Wolfes stattgefunden hat, wird er jetzt oft – ebenso irrational – positiv mythologisiert, als Symbolfigur eines vermeintlichen Renaturierungsprozesses.

Vermutlich kann man sich als Bewohner eines urbanen Lebensraums nur schwer vorstellen, wie es ist, wenn man – wie bei uns heuer im Winter geschehen – seine Kinder nicht mehr allein in die Schule schicken mag, weil 50 m vom Schulweg entfernt ein von einem Wolf gerissenes Reh gefunden wurde. Ein (weg)laufendes Kind ist für den Wolf einem fliehenden Wild nun einmal täuschend ähnlich: Was klein ist und wegläuft ist Beute.

In Italien beispielsweise haben drastische Entwicklungen dazu geführt, dass sich eine Gesellschaft völlig spaltet. Schafbauern, die ihre kärgliche Existenz von 100–200 Schafen fristen, schaffen sich unter enormem Aufwand scharfe Herdenschutzhunde an, die nicht minder gefährlich sind als ein Wolf, oder setzen ganze Gegenden während der Nacht unter Flutlicht (ein ökologischer Irrsinn).

»Ich scheue einfach diese Abwägung von Lebensrecht, die sich da in die ideologisierte Diskussion einschleicht.«

Tobias Moretti, Schauspieler und Bergbauer, Kematen in Tirol

Klaus Hackländer objektiviert die emotionalisierte Debatte, indem er Fakten, Forschungsergebnisse und Erfahrungen zusammenfasst; er stellt die wissenschaftlichen und die praktischen Aspekte einander gegenüber und klopft sie auf ihre Tauglichkeit zur Problemlösung ab. Daher ist dieses Buch in meinen Augen ein enorm wichtiger und zeitgemäßer Beitrag zur aktuellen Problemlage.

Tobias Moretti, Schauspieler und Bergbauer, Kematen in Tirol

Am meisten aber irritiert mich, wie lapidar und überheblich über gerissene Haus- und Weidetiere geurteilt wird. Letzten Sommer hatten wir ein massives Wolfsproblem dadurch, dass ein Wolfspaar über einen Monat mehrere Dutzend Schafe gerissen hat, was selbst beim Wolfsbeauftragten Ratlosigkeit hervorrief. Der Tenor der öffentlichen Diskussion war aber, dass sich das doch mit Ausgleichszahlungen regeln lassen müsse, denn der Wolf brauche für seine Existenz Beute, und Schafe oder kleine Weidetiere und Lämmchen erfüllten diese Funktion, und dienten diesem Prinzip. Hier wird mit problematischen Mustern operiert. Ich scheue einfach diese Abwägung von Lebensrecht – letztlich von mehr oder weniger lebenswertem und lebensunwertem Leben –, das sich da in die ideologisierte Diskussion einschleicht.

Einer Gesellschaft wie der unseren traue ich aber zu, dass sie anders damit umzugehen imstande ist. Das heißt auch, überholte Vorgaben aus der Flora-Fauna-Habitat-Richtlinie den neuen Erkenntnissen anzupassen. Gefährdete Arten wie Luchs und Steinadler, diese prachtvollen Geschenke der Schöpfung, sind ganzjährig im Jagdgesetz geschont und im Naturschutzgesetz verankert. Der Wolf genießt den gleichen höchsten Schutzstatus, obwohl er schon lange nicht mehr bedroht ist und seine Zahl stetig steigt.

WAS UNS AM WOLF BEWEGT

Wir erleben dramatische Veränderungen. Auch in der Tierwelt, in der Biodiversität, in der Art, wie das Leben verschiedener Wesen ineinander greift. Wir beobachten einen massiven Rückgang des Insektenbestands und einen dynamischen Verlust an Wirbeltierarten. Das alles müsste breit diskutiert werden, doch über den Kreis der Wissenschaft und die am Leben der Natur besonders interessierten Menschen hinaus findet diese große Problematik unserer Zeit wenig Beachtung.

Die Rückkehr des Wolfs nach Zentraleuropa hingegen führt zu einem reichen Niederschlag in den Medien und großem Interesse der Medienkonsumenten. Die komplexen und weitreichenden Vorgänge in der belebten Natur bleiben für viele Menschen abstrakt, das Auftreten der Wölfe wird aber als sehr konkrete Beeinflussung der Lebenswelt wahrgenommen. So hat der Wolf nicht nur neue Räume besiedelt, er ist auch in der Mitte der Gesellschaft angekommen. Zumindest in der Mitte der Nachrichten und Themen, die uns in Zentraleuropa bewegen.

Wölfe faszinieren ganz offenbar, und diese Faszination lässt sich leicht erklären: durch die Geschichte, in der Wölfe als mythische und furchterregende, bedrohliche und geheimnisvolle Wesen beschrieben werden; durch ihre Lebensart als hoch soziale Wesen, einsame Wanderer, tüchtige Jäger; ihre enge Verwandtschaft zu den uns so vertrauten Haushunden; ihre Rolle als Beutegreifer, die sich auch an Nutztieren vergreifen; ihrem Rang als streng geschützte Art; ihr Comeback vom Status der regionalen Ausrottung zu einer Spezies mit markant steigenden Bestandszahlen in fast ganz Europa.

Durch die neue Verbreitung der Wölfe wird eine alte Frage wieder aktuell: Wie können Menschen in dicht besiedelten und landwirtschaftlich genutzten Gebieten mit großen Beutegreifern friedlich zusammen leben?

Klaus Hackländer, Wildbiologe, Wien

Daran knüpfen sich zahlreiche Fragen, die Diskussionsstoff bieten. Fragen wie diese: Passt der Wolf in dicht besiedelte und landwirtschaftlich intensiv genutzte Regionen? Wie können wir unsere Weidetiere vor Wolfsangriffen schützen? Wie gefährlich sind Wölfe für Menschen? Die letzte Frage ist die brisanteste und führt unter anderem dazu, dass in Wolfsregionen lebende Menschen besondere Vorsichtsmaßnahmen ergreifen und sich sogar bewaffnen.

In der Erörterung der Wolfsfragen scheiden sich die Geister bis hin zu radikalen Positionen. Kompromisslose Bejagung fordern entschiedene Wolfsgegner. Sie stehen damit im krassen Gegensatz zu jener Fraktion, die alle wirtschaftlichen Interessen der weiteren Wohlfahrt der Wölfe untergeordnet sehen will.

Die Auseinandersetzungen über einen angemessenen Umgang mit Wölfen werden nicht nur ausführlich und emotional, sie werden häufig auch auf Basis falscher oder unvollständiger Informationen ausgetragen. Bei der Verfolgung des Diskurses muss man sich oft wundern, mit wie wenig Ahnung so viel Meinung ins Feld der argumentativen Auseinandersetzung geführt werden kann.

Aus dieser Beobachtung heraus ist dieses Buch entstanden. Es vermittelt profundes Wissen über das wahre Wesen der Wölfe, die wirtschaftlichen Folgen ihrer neuen Verbreitung, die gesetzlichen Rahmenbedingungen, die Möglichkeiten eines effektiven Wolfsmanagements und weitere Aspekte zum Thema Wolf. Es ist auf dem neuesten Stand der Wissenschaft, es ist aber kein Wissenschaftsbuch. Es ist das Buch, in dem Sie schnell authentische, wissenschaftlich begründbare Antworten finden, wenn Sie mehr über Wölfe wissen wollen. Die überarbeitete zweite Auflage verdankt Sandra Staat, Angelika Matousek und Birgit Lahner zahlreiche Korrekturen und Dr. Martina Waßmann Ergänzungen in Bezug auf Wolfsattacken auf Menschen.

Klaus Hackländer
Wien und Hamburg, Mai 2021

Wolfsexpedition im Nationalpark: 18 Jahre nach dem ersten Rudel in Sachsen gibt es nun auch Wölfe in der Sächsischen Schweiz.

01

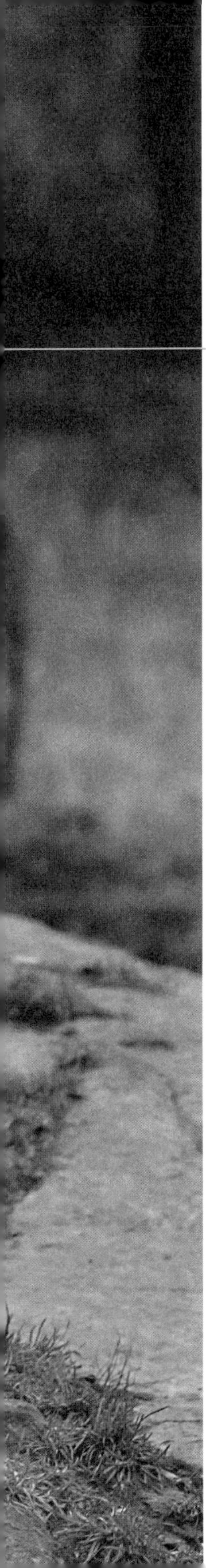

Europa ist wieder Wolfsland

WIE KONNTE DAS GESCHEHEN?

Die Wiederkehr des Wolfs in viele Regionen Europas ist ein Resultat des Artenschutzes. Aber nicht nur.

Den Schutz der Wölfe gewährleisten die Fauna-Flora-Habitat-Richtlinie der Europäischen Gemeinschaft (▸ Seite 36) und andere internationale Vereinbarungen. Auch der Rückgang der landwirtschaftlichen Nutzung in vielen Gebieten, die zunehmende Waldbedeckung des Kontinents und der Wegfall von vielen Hundert Kilometern Grenzbarrieren nach dem Fall des Eisernen Vorhangs haben zu einem Wachstum der Wolfspopulationen in Europa und einer Intensivierung der Wandertätigkeit von Wölfen geführt.

Die Wanderungen führen Wölfe von ihren Quellbeständen in Nord- und Osteuropa überwiegend nach Westen und Süden. Damit etablieren sie sich wieder in Ländern, die zuvor »wolfsfrei« waren oder in denen über Jahrzehnte nur sporadisch Wolfsbeobachtungen dokumentiert wurden.

Der spektakulärste Zuwachs vollzog sich in Deutschland. Mit der Vereinigung von Bundesrepublik Deutschland und Deutscher Demokratischer Republik 1989 wurden nicht nur zwei Staaten zusammengeführt, sondern auch ein Lebensraum von Wölfen mit einem noch nicht besetzten, für Wölfe aber bestens geeigneten Gebiet. Damit steht den Wölfen eine Ost-West-Verbindung offen, über die sie unter anderem in die Benelux-Staaten und nach Dänemark gelangen.

Dort haben 2019 Forscher der Universität Aarhus anhand von DNA-Spuren und Wildkameras ein erstes Wolfspaar nachgewiesen. Mitte des Jahres wurde ein erster Wurf an Welpen bestätigt.

Paarhufer – bevorzugte Nahrung der Wölfe

Unter **Paarhufern** werden alle Geweih- und Hornträger sowie Wildschweine zusammengefasst. Ihre paarigen Zehen (Klauen) werden auch als Schalen bezeichnet, weshalb sie in der Jägersprache auch Schalenwild genannt werden. In Mitteleuropa gehören dazu die Hornträger Steinbock, Gams und Mufflon, die Geweihträger Rothirsch, Sikahirsch, Damhirsch, Reh und Elch sowie Wildschweine. Von Rotwild, Rehwild und Schwarzwild gibt es in Mitteleuropa reichlich. Hier ernähren sich Wölfe überwiegend von Rehen.

In Belgien datiert die erste Wolfssichtung aus dem Jahr 2018. Die beobachtete Wölfin mit Jungen verschwand aber bald wieder auf mysteriöse Weise und ist möglicherweise einem illegalen Abschuss (▸ **Seite 156**) zum Opfer gefallen. Ende 2019 wurde über eine neu zugewanderte Wölfin berichtet sowie einen Zwischenfall, der auf die unerwünschte Aktivität dieses oder eines anderen Wolfes hinweist: Im ostbelgischen Balen verschwand aus einem Garten ein privat gehaltenes Känguru, ein zweites wies Bissspuren an einem Ohr auf. Der hinzugezogene Wolfsexperte diagnostizierte aufgrund der Spuren die hohe Wahrscheinlichkeit eines Wolfsangriffs.

Nicht nur aus dem Osten wandern Wölfe nach Zentraleuropa. Auch die Population in Italien trägt zur neuen Verbreitung der Art bei. Mitte der 1970er-Jahre wurden die restlichen etwa 100 Wölfe in den Abruzzen unter rigorosen Schutz gestellt. Seither erholt sich der Bestand zusehends, sodass heute 1.000 bis 2.000 Wölfe in Italien leben.

Einzelne Wanderer gelangten über den Apennin in den Alpenbogen und über diesen auf französisches Territorium, wo 1987 erstmals Wölfe nachgewiesen und 1992 die erste Rudelbildung verzeichnet wurde. Wenig später, zur Mitte der 1990er-Jahre, wurden auch in der Schweiz wieder Wölfe registriert.

Zu den relativ neuen Siedlungsgebieten der Wölfe zählt Österreich, wo wegen der ungeschützten Tierhaltung auf Almen und der hohen Dichte an Paarhufern das Potenzial für Konflikte zwischen Menschen und Wölfen besonders groß ist. Hier hat man erst seit etwa 2009 ernsthaft mit Wölfen zu tun und sucht unter großer medialer Anteilnahme nach Wegen für ein gedeihliches Zusammenleben von Wolf und Mensch.

In zahlreichen anderen Ländern hat man ein solches längst entwickelt. Am Balkan und in den Karpaten, in Finnland und den baltischen Staaten, in Polen und auf der Iberischen Halbinsel waren Wölfe nie in der Art dezimiert worden wie in Zentraleuropa. Wo Wölfe nicht neu, sondern altbekannte Akteure im Zusammenleben von Menschen mit Wildtieren sind, bestehen klare Regeln und Traditionen, wie mit Wölfen umgegangen wird und wodurch die Schäden an Nutztieren in Grenzen gehalten werden. Einige der Methoden, die zu diesem Ziel führen, sind freilich illegal (▸ **Seite 156**).

In den 1970er-Jahren gab es in Italien nur noch 100 Wölfe. Heute liegt der Bestand der grauen Jäger bei 1.000 bis 2.000 Tieren.

02 WAS MACHT DIESES TIER SO FASZINIEREND UND WOHER HAT ES SEINEN SCHLECHTEN RUF?

Stets beflügelt das Unheimliche die Fantasie. Im Fall der Wölfe hat die menschliche Vorstellungskraft fast ausschließlich bedrohliche Bilder hervorgebracht.

Der berühmteste Wolf der Welt ist 75 cm hoch, 114 cm lang und ziemlich schwer, weil aus Bronze gegossen. Er steht im Kapitolinischen Museum von Rom und veranschaulicht die Gründungslegende der Stadt. Die »Kapitolinische Wölfin« säugt die Knaben Romulus und Remus, die davon derart kräftig werden, dass sie ein Weltreich gründen können. Für die Römer war das über einige Jahrhunderte eine günstige Entwicklung. Die Romulus-und-Remus-Geschichte ist allerdings eine von wenigen, in denen die Wolf-Mensch-Beziehung positiv dargestellt wird. In den allermeisten anderen aus sechs Jahrtausenden der mythologischen und literarischen, bildnerischen und cineastischen Auseinandersetzung mit dem Thema kommen die Wölfe schlecht weg. Sie werden als reißende Bestien und düstere Schattenwesen, als verschlagen und blutrünstig, mordlüstern und hinterlistig gezeigt. Im günstigsten Fall als abstoßend oder unsympathisch.

Schon in der griechischen Mythologie fanden Wölfe keine freundliche Berücksichtigung. Als Begleitung wurden sie Hekate, der Göttin der Magie und Totenbeschwörung, zur Seite gestellt. Als besonders schwere Form der Strafe verwandelte Zeus den König Arkadiens, Lykaon, in einen Wolf. Lykaon hatte dem Göttervater beim Gastmahl Menschenfleisch vorsetzen lassen – »geröstet und gekocht«, wie es in einem Text heißt – und vielleicht dafür auch einen Enkel geschlachtet (die Darstellungen des Geschehens gehen bei verschiedenen Autoren auseinander). Jedenfalls war es für Zeus empörend genug, um zu drastischen Maßnahmen zu greifen. Er verwandelte Lykaon und dessen ruchlose Söhne in Wölfe, nach manchen Quellen ließ er sie auch durch Blitze erschlagen.

In Anlehnung an diese Begebenheit kennt die Wissenschaft den Begriff der Lykanthropie, der für die Verwandlung von Menschen in Wölfe steht. Dergleichen geschah dann ausweislich der Literatur recht häufig. Schon in dem rund 2.000 Jahre vor unserer Zeitrechnung verfassten Gilgameschepos verwandelt die Göttin Ištar einen Schäfer in einen Wolf, worauf dieser – unerträgliches Wesen, das er nun war – von den Hirtenjungen und Hunden gejagt wird.

Die bekannteste Form der Lykanthropie ist das Werwolf-Motiv, nach dem sich harmlose Bürger des Nachts in reißende Bestien verwandeln. Zur Zeit der europäischen Hexenverfolgungen bemühte sich eine besorgte Gesellschaft um die Eindämmung solchen Verhaltens, in dem eine beträchtliche Anzahl von Männern wegen entsprechender Umtriebe hingerichtet wurden. Vor allem Hirten traf dieses Schicksal.

In den Legenden, Mythen und Schauergeschichten des nördlichen Kulturkreises treiben sich Werwölfe und Wolfsungeheuer besonders zahlreich herum. Bei den Inuit ist das zum Beispiel Amarok, der die Jagdzeiten regelt: Wer nachts auf die Jagd geht, wird von dieser einsam durchs Land ziehenden Wolfsbestie gefressen.

In der Mythologie anderer indigener Völker Nordamerikas spielen Wölfe eine positivere Rolle. Die Schoschonen betrachteten Wölfe (gemeinsam mit Kojoten) als Schöpfer der Welt, andere Stämme sahen die tüchtigen Jäger als Gründer ihrer Volksgemeinschaft, führten sie als Totem und betrachteten sich mit ihnen als wesens-, wenn nicht blutsverwandt.

Diese Identifikation mit Wölfen kennt die Geschichte auch von anderen Völkern: Beispielsweise führen die Mongolen, Usbeken, Hunnen und Turkmenen ihre Herkunft auf Wölfe als Stammväter zurück, als Urmutter der alten Türken gilt in der Mythologie eine Wölfin.

Das aber sind glänzende Ausnahmen einer sonst finsteren Regel. Wenn der Wolf Eingang in die Literatur fand, dann zumeist als Schreckgestalt oder übles Wesen. Von den Fabeln des Aesop (5. Jahrhundert

Holzschnitt zum Thema Werwolf von Lucas Cranach dem Älteren (1512)

Illustration aus der französischen Illustrierten »Le Petit Journal« (Jänner 1914)

v. Chr.) bis zu den Märchen der Brüder Grimm (19. Jahrhundert) werden ihm überwiegend Schandtaten zugeschrieben. In Dantes »Göttlicher Komödie« wird der Wolf beispielsweise als Verderber der Menschenvölker diskreditiert.

Seinen schlechten Ruf behielt der Wolf bis in die jüngere Vergangenheit. Erst mit seiner weitreichenden Ausrottung fanden die Autoren zu einer freundlichen Behandlung. Bei Alfred Brehm, dem Verfasser der berühmtesten Tierkundebücher des deutschsprachigen Raums, klingt Mitgefühl durch, wenn er den Wolf als »Bild des Jammers und gesundheitlichen Verfalls« beschreibt. Mowgli, der Held des Dschungelbuchs, wird von Rudyard Kipling einem Rudel Wölfe zum Schutz und zur Aufzucht anvertraut.

Völlig verharmlost kommen Wölfe schließlich in der Welt der Comics an: In Walt Disneys Tierfamilie stolpert der große böse Wolf von einem Fettnapf in den nächsten und richtet kaum jemals Schaden an, in Rolf Kaukas Fix & Foxi-Geschichten zeigen die Wölfe Lupo, Lupinchen und Oma Eusebia als schlimmste Charakterschwäche einen leichten Hang zu Kleptomanie und Cholerik.

Erst in der jüngsten Vergangenheit behandeln also die Künstler und Chronisten den Wolf »sine ira et studio«, ohne Zorn und Eifer, wie es Tacitus für jede gute Geschichtsschreibung fordert. Die fast ausschließlich negative Darstellung der Wölfe über viele Jahrhunderte hat ihre Wirkung nicht verfehlt und zu einer Verfolgung der Art geführt, deren Heftigkeit allein durch die von Wölfen an Nutztieren angerichteten Schäden nicht erklärbar wäre. Als grau durch Nacht und Nebel streifende Gestalt, als Schattenwesen wirkt der Wolf auch manchen heutigen Menschen noch verdächtig und bedrohlich. Zwar bekommen nur ganz wenige den Wolf jemals zu Gesicht, und doch fürchten viele, dass er da ist. Was in der Praxis stimmen kann. Denn wo Menschen sind, bleiben Wölfe gerne unsichtbar.

»Und einer Wölfin
die von jeder Gier
Besessen schien in
ihrer Magerkeit,
Und über viele schon
Verderben brachte.
Sie gab mir durch die Furcht,
die von ihr ausging,
So großes Ungemach,
daß ich die Höhe
Des Berges zu erreichen
nicht mehr hoffte.«

Aus Dante Alighieri, Die Göttliche Komödie, Hölle – Gesang 01
(entstanden ca. 1307–1321)

Der böse Wolf in der
zeitgenössischen Kunst:
verschlagen, gierig,
aber recht erfolglos bei
seinen Beutezügen

03

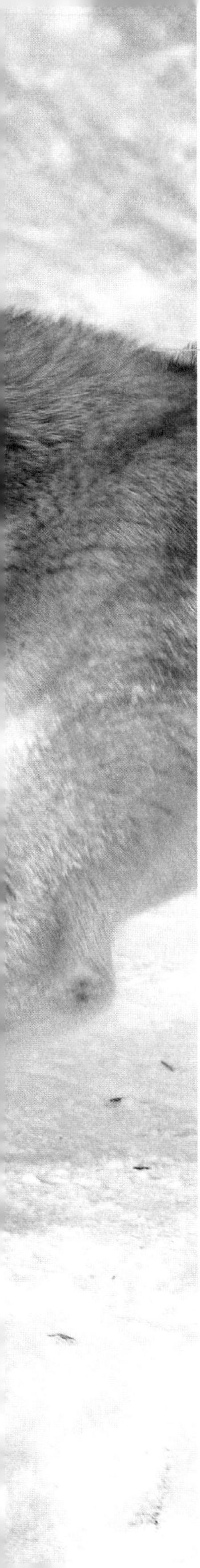

Viele fürchten den Wolf

DOCH WIE GEFÄHRLICH SIND WÖLFE WIRKLICH?

Äußerst gefährlich! Für Rotwild, Rehe, Wildschweine, Schafe, Ziegen, sogar Biber und Murmeltiere. Für Menschen hingegen sind Wölfe keine besondere Bedrohung.

John Linnell und Kollegen haben sich des Themas wissenschaftlich angenommen und 2002 eine zusammenfassende Arbeit vorgelegt, in der sie die Berichte über Angriffe von Wölfen auf Menschen vom 15. Jahrhundert bis in die Gegenwart analysierten. Während bei vielen historischen Fällen nicht herauszufinden war, was tatsächlich geschah und was die Fantasie der Chronisten beigetragen hat, lassen sich die Ereignisse im Zeitraum von 1950 bis in die Gegenwart sehr gut quantifizieren und beschreiben:

Demnach kam es in den 1950er- und 1970er-Jahren in Nordwest-Spanien zu drei Wolfsattacken, bei denen vier Kinder getötet und weitere vier Kinder verletzt wurden.

In den 1980er- und 1990er-Jahren sind in Indien drei Wolfsangriffe auf Kinder dokumentiert.

Aus der jüngsten Vergangenheit stammen Berichte über Wolfsangriffe im West-Iran.

In Nordamerika sind einige Fälle dokumentiert, in denen angefütterte Wölfe Menschen gebissen haben, und zudem zwei Angriffe, die für Menschen tödlich endeten: 2005 kam ein Mann im kanadischen Saskatchewan durch eine Wolfsattacke ums Leben, 2007 wurde in Alaska eine Joggerin von Wölfen getötet.

Für ganz Europa sind im Zeitraum zwischen 1950 und 2000 59 Wolfsattacken auf Menschen dokumentiert worden, bei denen neun

Tollwut – Hauptgrund für Wolfsangriffe

Tollwut ist eine Viruserkrankung, die überwiegend fleischfressende Säugetiere befällt. Neben Füchsen zählen hauptsächlich Haushunde, Wölfe und Katzen dazu. Mit der Erkrankung geht eine Wesensveränderung der Tiere einher, die sich unter anderem in besonders aggressivem Verhalten bzw. fehlender Scheu zeigen kann.

In **Mitteleuropa** wurde die Tollwut insbesondere durch das Ausbringen von Impfködern stark zurückgedrängt. Die Weltgesundheitsorganisation WHO stuft Europa als tollwutfrei ein. Doch immer wieder gibt es Berichte von importierter Tollwut aus betroffenen Gebieten bzw. tollwuterkrankten Fledermäusen, insbesondere in Osteuropa.

Personen starben. Fünf der tödlichen Angriffe gingen von Wölfen mit Tollwut aus. Bei aktuell mehr als 12.000 Wölfen in Europa, 400.000 auf russischem Staatsgebiet und mehr als 50.000 Wölfen in Nordamerika (für die anderen Kontinente kann der Wolfsbestand mangels entsprechender Beobachtung nicht geschätzt werden) ist das eine recht überschaubare Zahl an Vorfällen.

Nach Ländern geordnet konnten folgende Wolfsattacken dokumentiert werden:

Bulgarien

Aus diesem Land mit beachtlicher Wolfspopulation gibt es wenige Berichte über Zwischenfälle. Dokumentiert ist lediglich, dass im Zweiten Weltkrieg Wölfe Menschen gefressen hätten, wobei nicht klar ist, ob diese Menschen durch Wolfsangriffe zu Tode kamen oder zuvor schon verstorben waren. Unbestätigten Berichten zufolge wurden in Bulgarien 2001 zwei Menschen von tollwütigen Wölfen gebissen.

Deutschland und Österreich

Berichte über Wolfsangriffe datieren vor allem aus der Zeit nach dem Dreißigjährigen Krieg (1618 bis 1648). Von 1800 bis 1996 gab es zwar nach Linnell und Kollegen 92 Berichte über Wolfssichtungen auf dem Gebiet von Österreich und Deutschland, keine davon war aber mit einem Angriff auf Menschen verbunden. Im Gegensatz dazu wird im Heimatbuch 2002 des Kreises Viersen am Niederrhein über 9 getötete Kinder im Zeitraum von Juli 1810 bis Juni 1811 berichtet, die durch einen Wolf getötet wurden. Derartige Berichte sind sicherlich Ausnahmefälle, zeigen aber auch, dass es hier und dort noch Ereignisse gab, die Linnell und Kollegen nicht berücksichtigt haben.

Estland

Hier ist es immer wieder vorgekommen, dass an Tollwut erkrankte Wölfe Menschen attackiert haben. 1980 starb eine Frau infolge eines solchen Angriffs. Im vergleichbaren Zeitraum kam es in Estland zu mindestens sechs Angriffen durch Bären. Historisch gesehen stellt sich das anders dar. Aufzeichnungen von Kirchen und Behörden belegen im 18. und 19. Jahrhundert 136 für die Menschen tödlich endende Wolfsangriffe. Es besteht dabei die Vermutung, dass als Haustiere gehaltene Wölfe für einen Teil dieser Attacken verantwortlich waren und die Gewohnheit, Kinder als Hirten einzusetzen, mit eine Ursache für diese große Zahl an Wolfsattacken ist.

Finnland

Aus dem 19. Jahrhundert weiß man von fünf Episoden, in denen Wölfe Personenschäden oder Verluste von Menschenleben verursachten. Überwiegend waren davon Kinder betroffen, von denen mehr als 50 getötet wurden. Zeitweise war die Gefahr durch Wölfe so groß, dass sich die Behörden genötigt sahen, Jäger aus Litauen und Russland und sogar das Militär zu Hilfe zu rufen. Nachdem im Jänner 1882 in der Region der Wolfsangriffe ein Wolf erlegt und ein zweiter vergiftet worden war, kam es zu keinen weiteren Zwischenfällen.

Frankreich

Seit die Wölfe in den späten 1980er-Jahren in Frankreich wieder sesshaft wurden, gibt es keine Berichte über Ereignisse, bei denen Menschen durch Wölfe verletzt oder getötet worden wären. Wieder stellt sich die Vergangenheit weit gefährlicher dar als die Gegenwart. In der Region Gévaudan in Südfrankreich soll zwischen 1764 und 1767 eine »Wolfsbestie« mehr als 100 Menschen getötet und zumindest teilweise aufgefressen haben.

Im Wald von Longchamp kam es 1817 und 1818 zu 17 Wolfsattacken auf Menschen, wovon eine Frau und 16 Kinder betroffen waren. Neun Kinder starben.

Im April 1851 lief im Wald von Lorges ein tollwütiger Wolf Amok, biss 41 Menschen, von denen 14 an den Folgen der Tollwut starben.

Im Juli 1756 biss in Salernes ein tollwütiger Wolf zwölf Menschen und ein Schwein. Sechs der verletzten Menschen starben an Tollwut.

Weitere Berichte über Menschenschäden durch tollwütige Wölfe datieren aus den Jahren 1839, 1851 und 1878. 1914 kam ein achtjähriges Mädchen und 1918 eine alte Frau durch eine Wolfsattacke ums Leben. Bis in die 1920er-Jahre reichen die Berichte über Untaten durch Wölfe. Danach waren sie auch in Frankreich ausgerottet.

Griechenland

Hier wurde 1999 berichtet, dass eine Frau von Wölfen getötet worden wäre. Wie sich herausstellte, war die Frau allerdings erfroren. Die Bissspuren stammten von Schäferhunden, die an der Leiche gefressen hatten.

Ein Schäfer soll in Griechenland gebissen worden sein, als er ein Schaf gegen einen Wolf verteidigte, und ein junger Mann wurde gebissen, als er versehentlich in den Wurfkessel einer Wölfin mit Welpen stolperte.

Italien

Seit dem Ende des Zweiten Weltkriegs bestehen hier keine Berichte über Wolfsangriffe auf Menschen, was eventuell damit zusammenhängt, dass die Tollwut in Italien seit den 1960er-Jahren ausgerottet ist. Vom 15. bis zum 19. Jahrhundert existieren allerdings Berichte über 440 Angriffe von Wölfen auf Menschen, von denen zahlreiche tödlich endeten.

Kroatien

Auch aus diesem Land gibt es keine Berichte, dass gesunde Wölfe Menschen attackiert hätten. 1997 wurde ein Mann gebissen, der versuchte, einen Wolf mit einem Stock zu erschlagen.

Lettland

Berichten zufolge forderten im 19. Jahrhundert Wolfsangriffe 31 Menschenleben. Zwischen 1992 und 2000 mussten 72 Menschen gegen Tollwut behandelt werden, die durch Kontakte mit Wölfen oder von Wölfen gerissenen Tieren infiziert wurden oder bei denen eine Infektion befürchtet wurde. 1998 und 2000 kam es zu Attacken durch nicht an Tollwut erkrankte Wölfe, bei denen zwei Männer verletzt und die Wölfe erschlagen wurden.

Litauen

Die Faktenlage betreffend Wolfsattacken in Litauen ist dünn. Im beginnenden 20. Jahrhundert kam es gerüchteweise zu zahlreichen Wolfsangriffen auf Menschen, wobei über die Folgen keine gesicherten Daten verfügbar sind. Aus dem Zeitraum zwischen 1989 und 2001 weiß man von 22 Zwischenfällen, bei denen an Tollwut erkrankte Wölfe Menschen verletzten.

Norwegen

Aus Norwegen ist nur ein einziger Fall dokumentiert, in dem ein Mensch dem Wolf zum Opfer fiel. Der Angriff im Jahr 1800 betraf ein sechs Jahre altes Mädchen. Dazu gibt es eine Reihe mündlich überlieferter Berichte, die auf ihre Stichhaltigkeit nicht zu überprüfen waren.

Polen und Weißrussland

Die bewegte Geschichte und zahlreiche Änderungen des Grenzverlaufs zwischen Polen und seinen Nachbarstaaten machen die Verfügbarkeit historischer Quellen über das Wolfsverhalten in Polen karg.

Einige Zwischenfälle sind jedoch gut dokumentiert und nachvollziehbar. So sollen allein im Jahr 1819 in Wagrow 19 Menschen durch Wölfe getötet worden sein. 1824 ist in Südostpolen ein sechsjähriger Knabe von einem Wolf getötet worden. Laut Aufzeichnungen des Pasteur Instituts in Vilnius haben auf dem Gebiet von Polen und Weißrussland tollwütige Wölfe zwischen 1897 und 1914 130 Menschen verletzt, von denen 25 an der Infektionskrankheit starben. 1937 scheint es in Weißrussland zu einer Serie von Wolfsattacken auf Kinder gekommen zu sein. Urheber waren mindestens zwei Wölfe, zehn Kinder waren betroffen. Aus der Zeit nach dem Zweiten Weltkrieg gibt es keine Berichte über Wolfsangriffe, obwohl auf dem Gebiet des heutigen Polen schätzungsweise 600 bis 700 Wölfe präsent sind.

Rumänien

Aus Rumänien sammelten die Verfasser der Studie 41 Berichte über Wolfsangriffe auf Menschen, von denen acht verifiziert werden konnten. Überwiegend wurden Menschen verletzt, die Wölfe von ihren Nutztieren vertreiben wollten und dabei von den Wölfen gebissen wurden. In Rumänien besteht die europaweit größte Wolfspopulation mit 2.500 bis 3.000 Wölfen.

Schweden

Die spektakulärste Episode mit Wolfsangriffen auf Menschen in Schweden datiert aus den Jahren 1820 und 1821, als innerhalb von drei Monaten 31 Menschen von Wölfen attackiert und zwölf davon zu Tode gebracht wurden. Die meisten Opfer waren Kinder oder Jugendliche. Nachdem im April 1821 ein Wolf getötet worden war, kam es zu keinen weiteren Zwischenfällen. Recherchen ergaben, dass das aggressive Tier sehr wahrscheinlich ein in Gefangenschaft aufgezogener und entkommener – also mit Menschen vertrauter – Wolf war.

Aus dem 18. Jahrhundert existieren Berichte über vier Wolfsattacken, denen Kinder zum Opfer fielen.

Slowakei

Aus diesem Land gibt es einige Berichte über Zwischenfälle mit tollwütigen Wölfen. Während des Zweiten Weltkriegs wurden Wolfsattacken auf vier Menschen registriert, von denen zwei an den Folgen der Infektion starben. 1961 starb ein Mann an Tollwut, der zuvor von einem Wolf gebissen worden war. 1997 wurde ein alter Schäfer von einem Wolf gebissen.

Spanien

Zwischen 1957 und 1959 wurden beim Dorf Vilare drei Kinder angegriffen, von denen zwei zu Tode kamen. In der nahe gelegenen Ortschaft Tines attackierte ein Wolf zwei spielende Kinder, wobei ein fünfjähriger Knabe von dem Tier 15 m weit in ein Gebüsch geschleppt wurde, bevor Erwachsene den Wolf vertreiben konnten. 1959 attackierte in Trasufre ein Wolf zwei vierjährige Knaben, von denen einer seinen Verletzungen wenig später erlag.

Nachdem 1959 in der Region zwei Wölfe getötet worden waren, registrierte man keine weiteren derartigen Zwischenfälle.

Bei Rante kam es im Juli 1974 zu einer Serie von Wolfsangriffen, durch die mehrere Kinder verletzt sowie ein Säugling und ein Kleinkind getötet wurden.

Russland

Aus dem Land mit der weltweit größten Wolfspopulation – aktuell sind schätzungsweise 400.000 Wölfe in Russland unterwegs – gibt es naturgemäß zahlreiche Berichte über dramatische Begegnungen von Menschen mit Wölfen. Mangelnde Aufzeichnungen aus manchen Regionen und die wechselhafte Geschichte Russlands und der UdSSR machen es hier unmöglich, ein vollständiges Bild zu diesem Thema zu erstellen. Die zitierten Berichte haben eher den Charakter von Schlaglichtern. Davon sind die folgenden am spektakulärsten:

Zwischen 1849 und 1851 sind 266 Erwachsene und 110 Kinder von Wölfen getötet worden und im Jahr 1875 160 nicht näher spezifizierte Menschen. 1896/1897 kam es in der Region Kirov zu 205 Wolfsattacken auf Menschen, und 1924 biss in derselben Region ein tollwütiger Wolf 20 Menschen, von denen zehn an den Folgen des Angriffs starben.

Im Zeitraum zwischen 1972 und 1978 kam es in Kasachstan zu 50 Wolfsattacken, von denen mindestens 33 tollwütigen Wölfen zugeschrieben wurden.

1979 biss in Brest/Vitebsk ein an Tollwut erkrankter Wolf innerhalb von elf Stunden 26 Menschen.

Über zahlreiche weitere Zwischenfälle gibt es Berichte, wobei überwiegend tollwütige Wölfe als Aggressoren auftraten.

Rest der Welt

Umfangreiche Aufzeichnungen über Angriffe von Wölfen auf Menschen gibt es weiters aus den USA, Kanada, Indien und dem Iran. Im 20. Jahrhundert waren Wölfe und ihr aggressives Verhalten offenbar vor allem im Iran ein beachtliches Problem. Aus dem Zeitraum von 1940 bis 1996 existieren knapp tausend Berichte über Wolfsattacken. Demnach wurden zwischen 1940 und 1953 325 Menschen von tollwütigen Wölfen gebissen, was 60 Todesopfer forderte. 1981 wurden 98 Menschen attackiert. 1996 wurden 329 Menschen gegen Tollwut behandelt, nachdem sie von Wölfen verletzt worden waren.

Die Studie von Linnell und Kollegen sowie weitere wissenschaftliche Betrachtungen zeigen, dass Wölfe vor allem dann für Menschen gefährlich werden können, wenn sie in ihrem natürlichen Verhalten beeinträchtigt sind. Durch Tollwut erkrankte Wölfe stellen demnach ein erhöhtes Risiko für Konfliktsituationen dar, ebenso Wölfe, die ihre natürliche Scheu vor den Menschen verloren haben – beispielsweise, wenn sie von diesen angefüttert wurden oder in der Nähe von Menschen leicht Nahrung finden konnten. Gefahr geht auch von Wölfen mit Welpen aus, denen sich Menschen unvermutet nähern. Hier werden Wolfsmütter eine natürliche Aggression zeigen und zur Verteidigung der Jungen auch Menschen angreifen.

Wenn in den vergangenen Jahrhunderten die Angriffe durch Wölfe offensichtlicher häufiger waren als in den letzten Jahrzehnten, hat dies natürlich auch mit simplen Wahrscheinlichkeiten zu tun. Die Anzahl der Wölfe bzw. ihre Verbreitung in Europa war größer und gleichzeitig waren die Menschen viel mehr von Land- und Forstwirtschaft abhängig. Insbesondere Kinder mussten ihren Beitrag zur Versorgung der Familie leisten, das Vieh auf den Weiden betreuen, Reisig sammeln oder Heu machen. Im letzten Jahrhundert gingen die Übergriffe auf Menschen deutlich zurück, weil Wolf und Mensch auch seltener aufeinandertrafen. Dort, wo sich Wölfe in Europa halten konnten, war die Bevölkerungsdichte der Menschen gering. Gleichzeitig wurden Wölfe, die dem Menschen zu nahe kamen, getötet – mit oder ohne rechtliche Deckung. Die Koexistenz mit Distanz führte so zu weniger Wolfsattacken.

In ihrem Resümee schreiben Linnell und seine Kollegen mit wissenschaftlicher Präzision, dass die Gefahr eines Wolfsangriffs auf Menschen größer als null ist. Um Wolfsangriffe auch in Zukunft im Bereich der Anekdoten zu halten, geben sie den Lesern auch drei Maßnahmen für eine Wolfsmanagement mit auf den Weg: 1. Tollwut bekämpfen, 2. Die Dichte der natürlichen Beutetiere hoch genug halten und 3. Den Wolf auf Distanz halten. Letzteres bedeutet schließlich auch, dass Wölfe vergrämt und bejagt werden müssen.

04 WARUM DÜRFEN SICH WÖLFE SO VIEL ERLAUBEN?

Über Jahrhunderte haben die Menschen viel Energie darauf verwendet, die Wölfe auszurotten. Aktuell stehen die grauen Jäger in den meisten Staaten Europas unter strengem Schutz. Durch zahlreiche gesetzliche Regelungen wurde die Wiederansiedlung der Wölfe sehr erfolgreich gefördert.

Wölfe sind besonders gut geschützte Tiere. In Europa geht das vor allem auf die im Mai 1992 vom Rat der Europäischen Gemeinschaft erlassene Richtlinie zur »Erhaltung der natürlichen Lebensräume sowie der wildlebenden Tiere und Pflanzen« zurück. In Fachkreisen kennt man diesen Text als Fauna-Flora-Habitat-Richtlinie, kurz FFH-RL.

Nach der Feststellung, dass sich der Zustand der Lebensräume für Pflanzen und Tiere in den Mitgliedsstaaten der EU beständig verschlechtert, werden in dieser Richtlinie die Maßnahmen genannt, mit denen der Prozess des Lebensraum- und damit Artenverlusts gestoppt werden soll. Im Wesentlichen durch das Verbot des absichtlichen Störens, Fangens und Tötens und durch die Einrichtung geeigneter Schutzgebiete.

Wörtlich heißt es im Artikel 12 dieser Richtlinie:

Die Mitgliedstaaten treffen die notwendigen Maßnahmen, um ein strenges Schutzsystem für die in Anhang IV Buchstabe a) genannten Tierarten in deren natürlichen Verbreitungsgebieten einzuführen.

Während der Text der FFH-RL im Vergleich zu zahlreichen anderen EU-Richtlinien eher kurz und bündig ausgefallen ist, nimmt der Anhang

IV gehörig Raum ein. Deutlich mehr als 1.000 Tier- und Pflanzenarten werden als dringend schutzbedürftig aufgelistet. Neben dem Algerischen Igel und Europäischen Ziesel, der Hundsrobbe und dem Karawanken-Mohrenfalter, dem Fischotter und zahlreichen Fledermäusen, befinden sich darunter auch die großen Beutegreifer Bär und Luchs und eben *Canis lupus*.

Damit fordert die EU also von ihren Mitgliedsstaaten einen rigorosen Schutz des Wolfes und seiner Lebensräume (nach dem Buchstaben der Richtlinie übrigens auch den Schutz der Haushunde, *Canis lupus familiaris*). Ausgenommen bzw. eingeschränkt im strengen Schutz sind die spanische Wolfspopulation nördlich des Flusses Duero, die griechische nördlich des 39. Breitengrades, die finnische innerhalb des Rentierhaltungsareals, sowie die bulgarische, lettische, litauische, estnische, polnische und slowakische Population.

Darüber hinaus ist der Wolf auch im Washingtoner Artenschutzabkommen CITES gelistet, das den Handel und die wirtschaftliche Nutzung von gefährdeten Tieren einschränkt oder untersagt.

CITES datiert aus dem Jahr 1973. Die Fauna-Flora-Habitat-Richtlinie basiert auf der sogenannten »Berner Konvention«, einem Übereinkommen aus dem Jahr 1979.

Ob ein derartiger Schutz des Wolfes angesichts der aktuellen Bestandsvermehrung und Verbreitung von *Canis lupus* in Europa sowie der Tatsache, dass Wölfe schon seit Jahrzehnten nicht mehr zu den bedrohten Tierarten zählen, noch zeitgemäß ist, wird vor dem Hintergrund allfälliger Wolfsprobleme heftig diskutiert. Fakt ist, dass die Weltnaturschutzorganisation IUCN, die die Roten Listen der vom Aussterben bedrohten Tierarten erstellt, den Wolf in Europa seit 2018 als nicht gefährdet einstuft und das Wachstum der Populationsgröße bestätigt. Zwischen gesetzlichen Vorgaben und der Realität klafft also eine riesige Lücke.

In verschiedenen Ländern der EU wurde der rigorose Schutz bereits modifiziert, während in anderen die Vorgaben der FFH nach wie vor konsequent befolgt werden.

Beispielsweise kommt es in Deutschland nur ganz ausnahmsweise zur Tötung sogenannter »Problemwölfe« (allgemein sagt man, dass diese Wölfe der Population »entnommen« werden, wobei die Entnahme theoretisch auch durch Fangen und Verbringen in andere Gebiete erfolgen kann). Derartige Eingriffe finden dann auch erheblichen Niederschlag in der medialen Berichterstattung. Gut in Erinnerung ist der Fall des Wolfes mit dem wissenschaftlichen Registrierungscode MT 6 und der liebevollen Bezeichnung »Kurti« in den Medien. Dieser (mit einem Sender ausgestattete) Wolf war Teil des Munsteraner Rudels in Sachsen und machte sich durch eine auffällige Distanzlosigkeit gegenüber Menschen verdächtig. Nach zahlreichen vergeblichen Vergrämungsversuchen – unter anderem auch durch einen extra dafür engagierten schwedischen Wolfsexperten – wurde das Tier im April 2016 schließlich getötet.

Derartige Entnahmen erfordern ein langwieriges Genehmigungsverfahren. Doch mit der behördlichen Anordnung, einen Problemwolf zu entnehmen, beginnen fallweise erst die Probleme für die mit dem Job beauftragten Personen. Im Fall des in Schleswig-Holstein umtriebigen Wolfsrüden mit der Bezeichnung GW924m versuchte man mehr als eineinhalb Jahre ebenso engagiert wie erfolglos, die Entnahme zu vollziehen. Was den Jägern nicht gelang, erledigte schlussendlich der Straßenverkehr. GW924m wurde angefahren und verstarb an seinen Verletzungen.

In Österreich kam es trotz zahlreicher heftiger Diskussionen bisher (Stand März 2020) noch zu keinen behördlich genehmigten oder angeordneten »Entnahmen«.

Frankreich hingegen reguliert seine Population konsequent auf rund 500 Individuen, betreibt also ganz offiziell (wenn auch in sehr eingeschränktem Maß) Wolfsjagd.

In der Schweiz wird von Fall zu Fall behördlich verordnet, ob in die Wolfspopulation jagdlich einzugreifen ist. So ist es den Kantonen freigestellt, die Hälfte der Jungtiere eines Problemrudels zum Abschuss durch die Wildhut freizugeben, um die überlebenden Wölfe »zur Scheuheit zu erziehen«. In Graubünden sollten dazu 2019 vier Jungtiere des Beverin-Rudels getötet werden. Zwei wurden bislang getötet, seitdem ist das Rudel quasi unsichtbar.

Wie Wölfe in den Ländern der Europäischen Union behandelt werden, ist sehr gut dokumentiert. Wie mit Wölfen in anderen europäischen Ländern umgegangen wird, lässt sich weit weniger mit Daten und Fakten beschreiben. Fest steht allerdings, dass den starken Wolfspopulationen auf dem Balkan nur eine geringe Aufmerksamkeit von Tierschutzorganisationen und den amtlichen Stellen geschenkt wird und dass »Problemwölfe« recht unbürokratisch aus dem Verkehr gezogen werden – was auch zur Folge hat, dass in diesen Regionen kaum jemals über Untaten von Wölfen berichtet wird.

Während der Schutz der Wölfe vor Fang und Bejagung in den letzten Jahrzehnten zu einem Wiedererwachen der Bestände vor allem in

Wer den Wolf schützt

Washingtoner Artenschutzübereinkommen CITES
Dieses von 183 Nationen unterzeichnete Übereinkommen beschränkt den internationalen Handel mit gefährdeten Arten frei lebender Tiere und Pflanzen. Darin ist der Wolf als »potenziell gefährdete Art« gelistet.

Berner Konvention
In diesem 1979 formulierten Übereinkommen über die Erhaltung der europäischen wild lebenden Pflanzen und Tiere und ihrer natürlichen Lebensräume wird der Wolf als »streng geschützte Tierart« klassifiziert.

FFH
In der 1992 herausgegebenen Fauna-Flora-Habitat-Richtlinie der EU werden den Mitgliedsländern der Europäischen Gemeinschaft umfassende Bestimmungen zum Schutz des Wolfes vorgegeben. Nur in wenigen Ländern oder Landesteilen ist demnach die Bejagung von Wölfen gestattet.

ESA
In den USA wird der Graue Wolf durch den »Endangered Species Act« geschützt. Die Diskussion, ob das noch zeitgemäß ist und wie weitreichend der Schutz erhalten bleiben soll, wird lebhaft geführt.

IUCN
Die Weltnaturschutzorganisation stuft den Wolf weder global noch in Europa als gefährdet ein und bestätigt eine Zunahme der Bestände.

Mittel- und Westeuropa geführt hat, ist die zweite Forderung der Fauna-Flora-Habitat-Richtlinie – die Einrichtung von Schutzgebieten – im Fall des Wolfs einigermaßen widersinnig. Wölfe sind in Bezug auf ihr Revier nicht wählerisch. Vielmehr sind sie Opportunisten oder Generalisten, weil sie überall dort gut leben können, wo ihnen Nahrung und Deckung zur Verfügung stehen. Außerdem wird mit der Einrichtung von Wolfsschutzgebieten zwar die Population unterstützt, aber gleichzeitig werden Konflikte in deren Umgebung provoziert, weil die Jungtiere üblicherweise im zweiten Lebensjahr das Rudel verlassen und sich in ausgedehnten Wanderungen einen neuen Lebensraum erschließen.

Wie Wölfe in der EU behandelt werden, ist gut dokumentiert. Wie mit Wölfen in anderen europäischen Ländern umgegangen wird, lässt sich weit weniger mit Fakten und Daten beschreiben. Am Balkan jedenfalls werden Problemwölfe unbürokratisch aus dem Verkehr gezogen.

Schaf auf der unteren Tofernalm im Großarltal. Im Sommer 2019 wurden hier mehrere Schafe gerissen, im September gab es die ersten Übergriffe auf Jungrinder.

05 WARUM KOMMEN SIE AUSGERECHNET ZU UNS?

Weil sie sehr große Distanzen überwinden können und weil sie dort hingehen, wo sie gute Lebensbedingungen vorfinden. Der Fall Österreich zeigt es aktuell besonders deutlich.

Mitteleuropa ist ein Raum mit ausgesprochen wolfsfreundlichen Bedingungen, Österreich ist davon der allerbeste. Hier wird Wölfen alles geboten, was ihnen das Leben leicht macht: ein prächtiges Nahrungsangebot, ideale Rückzugsräume und viel unbesetztes Terrain.

Weil die Wölfe vergleichsweise spät nach Österreich zurückgekehrt sind (▸ Seite 20), ist hier für die Etablierung neuer Wolfsrudel so gut wie alles offen. Stand 2020 sind gerade mal drei Wolfsrudel vorhanden, und das in einem Lebensraum, der von seinen ökologischen Gegebenheiten mehr als tausend Wölfe leicht vertragen würde (▸ Seite 43 und 59). Zuwandernde Wölfe werden in Österreich also nicht mit bereits residenten Artgenossen konfrontiert, sie können aus dem Blickwinkel der intraspezifischen Konkurrenz ihr Streifgebiet oder Revier fast völlig frei wählen.

Dazu kommt, dass Österreich auch von Menschen dünn besiedelt ist. Das liegt vor allem am großen Teil alpiner Regionen, die fast ausschließlich den Wildtieren vorbehalten sind. Und es liegt an der großen Fläche, die mit Wald bedeckt ist. Fast die Hälfte des Bundesgebiets – genauer: 49 % – ist Wald, und Wald ist das Refugium, in dem sich Wölfe bevorzugt aufhalten.

Primär entscheidend für die Etablierung von Wölfen ist jedoch das Nahrungsangebot. Potenzielle Beutetiere für den Wolf gibt es hier in unvergleichlicher Fülle. Berechnungen aus der alljährlichen Jagdstrecke ergeben, dass in Österreichs Revieren etwa 15 Paarhuferindividuen pro 100 ha vorhanden sind. Mit diesem Wert ist Österreich in Europa einsame Spitze.

Dazu ist die Tendenz in der Wildbestandsentwicklung steigend. Seit den 1960er-Jahren verzeichnet man in Österreich beispielsweise beim Rothirsch einen Zuwachs von 300 %. Die jährliche Jagdstrecke beim Reh beläuft sich auf mehr als 250.000 Stück. Sehr konservativ geschätzt sind mindestens doppelt so viele Rehe in Österreichs Jagdrevieren unterwegs. Realistischer kann man von einem im Vergleich zur Jagdstrecke vierfachen Bestand, also von einer Million Rehen, ausgehen.

Wissenschaftler der Universität für Bodenkultur Wien haben in einem komplizierten Rechenwerk ermittelt, wie viele Wölfe sich ausschließlich durch Paarhufer – also Rothirsch, Reh und Wildschwein – in Österreich ernähren könnten und kamen auf 40 Wölfe pro 1.000 km². Umgelegt auf das gesamte Bundesgebiet wären das 3.652 Exemplare. Berücksichtigt man noch, dass sich Wölfe nicht nur von Paarhufern ernähren, ergibt sich eine noch spektakulärere Zahl.

Zu einer derartigen Wolfsbevölkerung wird es in Österreich allein wegen des Konfliktpotenzials mit den Menschen nicht kommen. Doch trägt der Mensch wesentlich dazu bei, dass sich Wölfe hier mit Freude ansiedeln. Der Grund liegt in der Almwirtschaft. Aktuell werden in Österreich rund 460.000 Nutztiere pro Jahr auf die Almen getrieben, wo sie weitgehend ungeschützt die Sommer verbringen. Für Wölfe, die auf keine bestimmten Beutetiere spezialisiert sind und vom Hasen bis zum Rind alles als Nahrung annehmen, was sie überwältigen können, ist das im wahren Wortsinn gefundenes Fressen.

Es stellt sich also weniger die Frage, warum der Wolf ausgerechnet nach Mitteleuropa und Österreich kommt, sondern vielmehr, warum er so spät kommt (▸ **Seite 47**) und wie sich die Population weiter entwickeln wird (▸ **Seite 50**). Angesichts der exzellenten Lebensbedingungen lässt sich allerdings eines leicht prognostizieren: Wer es als Wolf nach Österreich geschafft hat oder in Österreich geboren wurde, wird Österreich sehr wahrscheinlich nicht freiwillig verlassen.

Die **Waldkarte** zeigt: Wölfe haben in Österreich reichlich Rückzugsräume.

Die **Bevölkerungskarte** zeigt: Wölfe finden in Österreich viele Lebensräume, in denen sie von Menschen ungestört bleiben.

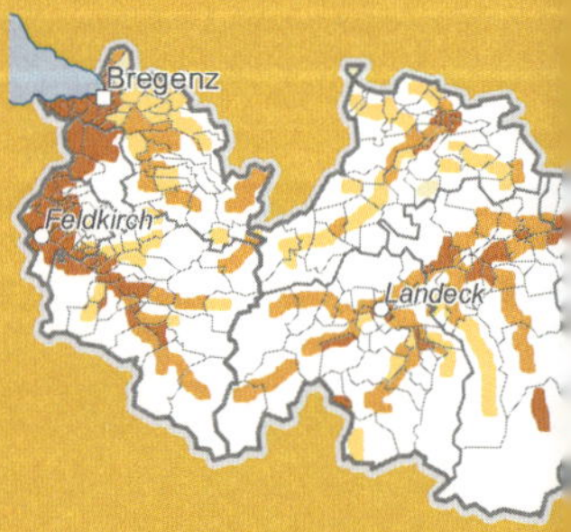

Bevölkerungsdichte je km² Dauersiedlungsraumfläche

- 16–100
- 101–250
- 251–500
- 501–10.000
- 10.001–27.552

Neues Wolfsland Österreich: Viel Wald und große Regionen mit geringer Bevölkerungsdichte.

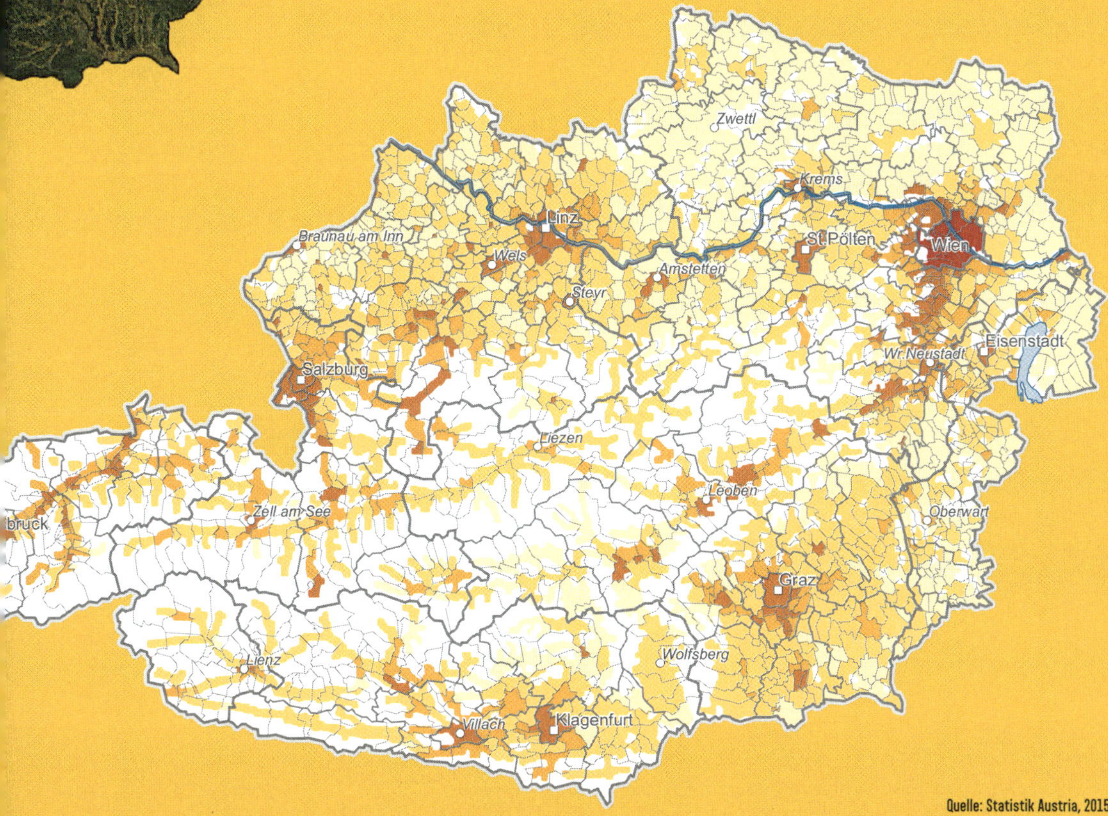

Quelle: Statistik Austria, 2015

06

ABER WARUM KOMMT ER ERST JETZT NACH ÖSTERREICH?

Das ist eine rein politische Angelegenheit. Auch der Wolf hat vom Zerfall des Ostblocks profitiert.

Österreich blieb länger von der neuen Wolfsbesiedelung verschont bzw. konnte sich später an der Rückkehr der seltenen Beutegreifer erfreuen als seine angrenzenden Länder. Die erste amtliche Bestätigung von Wolfsvorkommen in Österreich nach der Ausrottung der Wölfe zur Mitte des 19. Jahrhunderts datiert aus dem Jahr 2002. Das erste reproduzierende Rudel wurde in Österreich erst 2016 registriert. In Deutschland geschah das alles gut zehn Jahre zuvor, in den Schweizer Alpen wurden Wölfe schon ab etwa 1995 kontinuierlich beobachtet. Es erhebt sich die Frage, warum die leichtfüßigen Wanderer nach Österreich mit Verspätung kamen, obwohl sie hier außerordentlich günstige Lebensbedingungen vorfinden (▸ Seite 42).

Ganz richtig ist diese Fragestellung nicht, denn Österreich war nie wirklich wolfsfrei. Verluste an Weidetieren, die man heute dem Wolf zuschreiben und medial verarbeiten würde, blieben länger als in anderen Ländern unbeachtet.

Erst mit dem vermehrten Auftreten der Wölfe entwickelte sich auch in Österreich das Gefühl einer Wolfsproblematik, und erst damit wurden die Mechanismen der Wolfsbeobachtung und der Analyse des Wolfsverhaltens in Gang gesetzt. Was Einzeltiere betrifft, ist die verspätete Ankunft der Wölfe in Österreich nur gefühlt. Man hat sich vor den 2010er-Jahren einfach nicht darum gekümmert.

Die gewissermaßen systematische Besiedlung Österreichs durch Wölfe hat aber tatsächlich später eingesetzt als in Deutschland und der

Schweiz. Ein Grund dafür liegt in dem bis ins Jahr 1989 existierenden Eisernen Vorhang, der in Österreich auch die Migration von Wölfen verhindert hat.

Das allein ist aber noch keine ausreichende Erklärung, denn Wölfe gibt es auch in Italien und Südosteuropa, von wo sie ohne die Überwindung von Stacheldrahtzäunen und Minenfeldern nach Österreich hätten ziehen können. Dass sie das nicht tun (oder zumindest nicht häufig tun) hat zwei Ursachen. Eine leicht verständliche und eine, die auch für Experten noch ein wenig rätselhaft ist.

Der leicht nachvollziehbare Grund für die weitgehende Absenz von Wölfen aus dem Süden liegt im Wolfsmanagement. Weniger abstrakt ausgedrückt hat es damit zu tun, dass Wölfe in den südosteuropäischen Ländern bejagt werden und ihr Bestand in diesen Regionen weitgehend stabil bleibt. Da Wölfe ein ausgeprägtes Territorialverhalten haben, ist die Abwanderung gering.

Die italienischen Wölfe hingegen folgen bei ihren Weitwanderungen in Vermeidung der von Menschen dicht besiedelten Regionen den Gebirgszügen, gelangen also vom Apennin zum Alpenbogen und diesem nach Westen folgend in die Schweiz und nach Frankreich.

Warum eigentlich nach Westen ziehend? Sie könnten sich ja auch nach Osten wenden und beispielsweise im alpinen Lebensraum bis nach Niederösterreich gelangen.

Hier kommt das rätselhafte der beiden Motive ins Spiel. Aus zahlreichen Beobachtungen von besenderten Tieren weiß man, dass Wölfe in Ost- und Mitteleuropa vorzugsweise auf einer nach Nordwesten weisenden Route wandern, dass also aus Polen kommende Wölfe zuerst in Nordost-Deutschland auftauchen, um sich dann weiter nach Westen und in den Süden zu bewegen. Eine mögliche Erklärung für dieses Verhalten kann in den meteorologischen Bedingungen in Zentraleuropa liegen, wo die Winde überwiegend vom Atlantik her wehen. Die Vermutung geht also dahin, dass Wölfe bevorzugt gegen den Windstrich wandern, um die Witterung von Feinden und Beutetieren möglichst gut aufnehmen zu können.

Damit wird klar, welche wichtige Rolle der Eiserne Vorhang im Hinblick auf Wolfszuwanderungen nach Österreich gespielt hat. Wölfe, die sich aus Polen oder den Karpaten Richtung Nordwesten und Westen aufgemacht hatten, wurden bis in die 1990er-Jahre von der zwischen dem Ostblock und Österreich bestehenden Grenzbarriere abgeleitet und beendeten ihre Wanderungen in Ostdeutschland oder den westlichen Karpatenausläufern. Österreich ließen sie links oder rechts liegen.

Der Wolf, ein großer Beutegreifer

Die neue **Präsenz** des Wolfes ist ein großes Thema für die Medien. Mit ihm auch das fallweise Auftreten von Bären. Man spricht dann von der Wiederkehr der »großen Beutegreifer«. Dabei ist die Definition der Kategorie »große Beutegreifer« nicht besonders exakt.

Allgemein versteht man darunter **Säugetiere**, womit beispielsweise Krokodile nicht inbegriffen sind. Und zwar solche Säugetiere, die Nutztieren und damit theoretisch auch Menschen das Leben nehmen können. Demnach gehört der in Skandinavien heimische Vielfraß und der Eurasische Luchs zu den großen Beutegreifern. Nicht jedoch der deutlich kleinere Iberische Luchs, der sich hauptsächlich von Wildkaninchen ernährt. Ebenso erfüllt die Wildkatze die Kriterien für große Beutegreifer nicht. Den Goldschakal, der wegen seines Verhaltens und seiner Lebensräume auch als kleiner Bruder des Wolfs bezeichnet wird, kann man als Grenzfall betrachten.

Das **Beutetier**, das dem größten unter den großen Beutegreifern, dem Bären, am zahlreichsten zum Opfer fällt, ist übrigens die Ameise.

Dass bisher vergleichbar wenige Wölfe in Österreich aufgetreten sind, hat vermutlich auch meteorologische Gründe: Sie wandern bevorzugt gegen die vorherrschenden Windströmungen nach Nordwesten, erreichen also von Polen kommend zuerst Nordost-Deutschland und wählen erst später eine nach Südwesten weisende Route.

07 DOCH WIE VIELE ARTGENOSSEN BRINGT ER MIT?

Üblicherweise bringt der Wolf gar niemanden mit, denn Wölfe sind einsame Wanderer.

Wolfsrudel sind weitgehend stationär und begeben sich allenfalls auf kurze Winterwanderungen (▸ Seite 198). Wölfe, die in einem Lebensraum neu auftauchen, sind überwiegend Jungtiere. Diese verlassen mit der Geschlechtsreife ihre Rudel, um Partner zu finden und ein eigenes Territorium in Besitz zu nehmen. Erst wenn das gelungen ist, kommt es zu Vermehrung und Etablierung neuer Rudel.

Die in den letzten Jahren beständig steigende Wolfspräsenz in Österreich ist also nicht etwa darauf zurückzuführen, dass große Wolfsverbände einwandern würden. Es kommen einzelne Tiere, die in einem weitgehend wolfsfreien Raum gar nicht leicht Partner finden. Die ersten Ankömmlinge sind übrigens Männchen, da diese bei Säugetieren üblicherweise weiter vom Geburtsgebiet wegziehen als weibliche Individuen. Dies erklärt auch, warum in Gebieten, in denen Wölfe vermehrt auftauchen, vornehmlich Rüden dokumentiert werden.

Das Auftreten von Wölfen in Österreich ist also keine Folge massiver Migration. Die heftig geführte und von Medienberichten immer wieder neu angefachte Diskussion über das Wolfsproblem steht damit in keinem rational begründbaren Verhältnis zum Ausmaß des Wolfsvorkommens. Stand 2019 waren gerade einmal drei Rudel und gesamt 35 Wölfe in Österreich vorhanden. Im Vergleich zu Ländern mit einer längeren Wolfsgeschichte ist das sehr wenig. In der Schweiz haben sich etwa 70 Wölfe in acht Rudeln etabliert, in Deutschland kam man im Beobachtungsjahr 2018/2019 auf 105 Rudel, 25 Paare ohne Nachwuchs und 13 Einzeltiere, in Frankreich hält man bei mehr als 400 Wölfen, in Spanien 1.500 bis 2.000 und in dem flächenmäßig mit Österreich vergleichbaren Portugal bis zu 400. Insgesamt liegt die europäische Wolfspopulation bei ca. 17.000 Individuen.

Das Wolfsvorkommen in Österreich ist also auf einem vergleichsweise bescheidenen Niveau.

Dabei wird es allerdings nicht bleiben. Da in Österreichs Nachbarländern Wölfe sehr zahlreich vorhanden sind und die Tiere auf ihren Wanderungen große Strecken zurücklegen, sind weitere Einwanderungen zu erwarten. Zumal das Wachstum der Populationen in manchen Ländern beträchtlich ist.

In welchem Ausmaß sich Wölfe vermehren, hängt vor allem vom Umgang mit den Wölfen ab. In Deutschland beispielsweise stehen Wölfe unter Vollschutz und vermehren sich mit beträchtlichen Zuwachsraten. Im Jahr 2000 wurden in Deutschland (nach der bereits im 18. Jahrhundert erfolgten weitgehenden Ausrottung) die ersten Wolfswelpen in Freiheit geboren. Aktuell sind in Deutschland rund 1.300 Wölfe heimisch.

Aus Beobachtungen in verschiedenen Großräumen weiß man, dass die natürliche Vermehrungsrate von Wölfen in geeigneten Habitaten bei etwa 30 % liegt. Österreich mit seinem außerordentlich hohen Wildtierbestand ist ein hervorragender Lebensraum für Wölfe. Nach aktuellen, wissenschaftlich fundierten Prognosen wird die Wolfspopulation in Österreich daher sehr rasch zunehmen, zumal die Wachstumskurve in der Wiederbesiedlungsphase steiler ausfällt als in Regionen, in denen ausgedehnte Territorien schon von Rudeln beansprucht und verteidigt werden.

Jungwölfe finden in Österreich, aber auch in der Schweiz zunächst fast unbegrenzt freie Territorien vor und können diese erfolgreich besetzen, ohne in Konflikte mit Artgenossen zu geraten. Erst bei Erreichen der Lebensraumtragfähigkeit (‣ Seite 172) reguliert sich die Anzahl der Rudel durch intraspezifische Konkurrenz, Territorialverhalten und begrenzte Nahrungsressourcen selbst. Wenn Wölfe weiter unter Vollschutz bleiben und nicht offiziell bejagt werden – die Reduktion des Bestands also nur durch illegale Abschüsse, Verluste durch den Straßenverkehr und Krankheit erfolgen –, könnte die Anzahl der Wölfe in Österreich in den nächsten fünfzehn Jahren auf wahrscheinlich 500 Tiere steigen.

Wo der Wolf wohnt

Über Europa verteilt (ausgenommen Russland) leben ungefähr 17.000 Wölfe. In der Karte ist die Dichte der Wolfspräsenz angegeben: je dunkler, desto mehr Wölfe kommen in dem Areal vor. Nicht berücksichtigte Länder sind hell dargestellt.

Wolfsbevölkerung im Detail

Als **stationäre Einzeltiere** werden Wölfe bezeichnet, die in einer Region sesshaft geworden sind.

Als **Paare** treten Wölfe verschiedenen Geschlechts ohne Nachkommen auf. Von einem **Rudel** spricht man, wenn Wölfe verschiedener Generationen von denselben Elterntieren als Gemeinschaft leben.

Bestand ist die Gesamtheit der Wölfe, die in einem Areal leben.

Population umfasst alle Wölfe, die in einem genetischen Austausch stehen oder stehen können. Demnach bilden alle Wölfe in Europa mit Ausnahme der iberischen Halbinsel eine Population.

Quelle: lcie.org

08 WIE KANN MAN SICH VOR ZUWANDERUNG SCHÜTZEN?

Am effektivsten durch Grenzbefestigungen mit Stacheldraht, Beleuchtung, Patrouillen und Minenfeldern. Andere Maßnahmen sind weitgehend wirkungslos.

Eine mächtige, gegen Menschen gerichtete Grenzbefestigung verhinderte über ein halbes Jahrhundert, dass Wölfe aus dem Norden oder Osten Europas nach Mitteleuropa kommen konnten. Mit der Öffnung des Eisernen Vorhangs 1989 hat sich das geändert. Der freie Grenzverkehr ist seither nicht nur Menschen möglich, sondern wird auch von Wölfen genutzt.

Andere als »Eiserne Vorhänge« überwinden Wölfe mitunter mühelos. Wölfe sind schon aus einem mit einem dreieinhalb Meter hohen Zaun eingefassten Gehege entkommen. Wildzäune, wie sie als Begleitung höherrangiger Straßen in vielen Staaten gesetzlich vorgeschrieben sind, stellen Wölfe vor keine unlösbare Aufgabe. Im Sprung, aber auch durch Klettern oder Untergraben, gelangen sie auf die andere Seite der Sperre.

Auf ihren Wanderungen überqueren Wölfe auch große Wasserläufe. Im Herbst 2018 wurden im niederösterreichischen Höflein Wolfsrisse dokumentiert, die mit hoher Wahrscheinlichkeit einem aus dem Wald- oder Weinviertel zugewanderten Tier zuzuschreiben sind. Der Wolf hatte vor seiner Inspektion des Wienerwalds also die Donau überquert. Ob er dazu durch den Fluss geschwommen ist – wozu Wölfe durchaus fähig sind – oder eine der intensiv befahrenen Straßenbrücken genutzt hat, lässt sich mangels Beobachtung nicht sagen. Sehr genau verfolgen konnte man hingegen die Reise von Wolf M15. Dieser war ein Jungtier, das am Stadtrand des norditalienischen Parma von einem Auto angefahren wurde. Nach der medizinischen Versorgung und Rehabilitation statteten Wissenschaftler den Wolf mit einem GPS-Sender aus und entließen ihn am 11. März 2004 im »Nationalpark Toskanisch-Emilianischer Apennin« wieder in die Wildnis.

Zwischen dem 11. März 2004 und dem 22. Jänner 2005 konnte dank der GPS-Ortungen Erstaunliches beobachtet werden: Die ersten beiden Monate nach seiner Freilassung verbrachte M15 im Nationalpark, in dem zumindest drei Wolfsrudel stationär sind. Danach verließ der Jungwolf dieses Revier und wanderte, dem Apenninenbogen folgend, in westnordwestlicher Richtung. Die Reise führte ihn durch mehrere stark besiedelte Landstriche, M15 näherte sich großen Städten wie Genua und Cuneo bis auf wenige Kilometer, überquerte vier mit Schutzzäunen ausgestattete Autobahnen und mehrere stark frequentierte Bahntrassen.

Die bemerkenswerte Wanderung von Wolf M15

1.250 km, in Höhenlagen zwischen 300 und 2.600 m, über Autobahnen, Bahntrassen und eine Staatsgrenze.

Schon fünf Monate nach dem Verlassen des Nationalparks erreichte M15 die französischen Alpen und wurde um die Jahreswende 2004/2005 im französisch-italienischen Grenzgebiet sesshaft.

Die Ortsveränderung zum Ausgangspunkt der Wanderung beträgt Luftlinie zwar nur etwas mehr als 200 km. Tatsächlich zurückgelegt hat der Wolf in etwa fünf Monaten rund 1.250 km, und das in Höhenlagen zwischen 300 und 2.600 m.

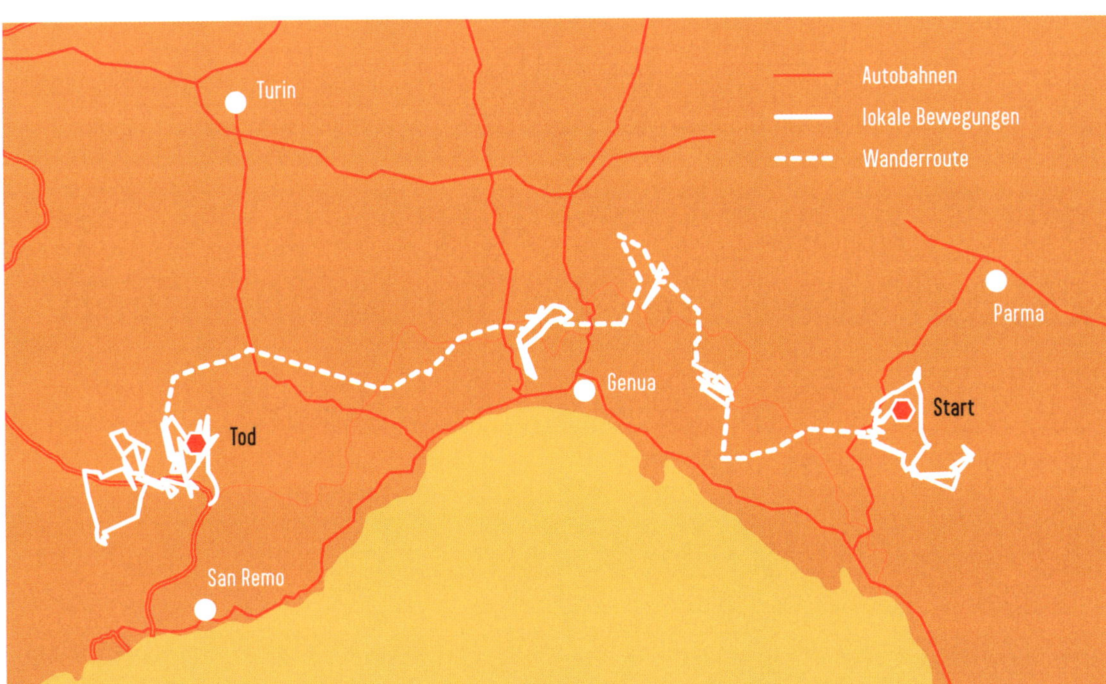

Eine ähnliche Leistung vollbrachte der Wolf Slavc. Er wurde 2011 im Revier seiner Eltern in Slowenien besendert. Das junge Männchen marschierte im Dezember erst gen Süden, um dann doch nach Norden abzuziehen. In 10 Tagen erreichte es Kärntens Hauptstadt Klagenfurt. Es ging weiter nach Norden, Slavc überwand schwimmend die Drau und ging über Berge mit bis zu 6 Meter Schnee. Nach insgesamt 2.000 km Wanderroute wurde er im März 2012 im Naturpark der Lessinia sesshaft und gründete mit der ebenfalls zugewanderten Wölfin Juliet ein Rudel, aus dem zahlreiche Jungwölfe hervorgingen.

Mit diesen wildbiologischen Studien konnte eindrucksvoll nachgewiesen werden, dass einzelne Wolfsbestände in Europa miteinander in Verbindung stehen. Und auch, dass sich Wölfe von der Präsenz des Menschen, von Autobahnen und Bahnstrecken und schon gar nicht von Staatsgrenzen davon abhalten lassen, dorthin zu gehen, wohin die Wanderlust sie treibt.

Flüsse, Autobahnen, Bahnstrecken, extreme Schneelagen und Gebirgszüge mit hochalpinen Bereichen können Wölfe in ihrem Wandertrieb nicht hindern. Die Daten von mit Sendern ausgestatteten Wölfen zeigen, dass sie auf der Suche nach einem Geschlechtspartner und geeignetem Revier auch mehr als 2.000 km zurücklegen.

09

WAS IST EIN GEEIGNETER LEBENSRAUM FÜR WÖLFE?

Einen guten Lebensraum für Wölfe kennt man aus Märchen und Mythen: den dunklen Wald. Tatsächlich war auch die Wissenschaft über viele Jahre der Meinung, dass die Waldbedeckung eines Gebietes maßgeblich für die Existenz von Wölfen ist. Jüngere Studien und die aktuell beobachtbare Ausbreitung der Wölfe in Europa machen aber deutlich, dass sich Wölfe nicht allein in waldreichen Regionen und Gebirgszügen etablieren. Sie besiedeln auch Reviere in relativ offenen Landschaften, und zwar von den Küstenregionen bis ins Hochgebirge.

Im Lichte der jüngsten Erkenntnisse zeigt sich, dass Wölfe überall dort vorkommen, wo sie ausreichend Nahrung und Rückzugsräume für die Aufzucht der Jungen finden und von Menschen toleriert werden.

Ein entsprechendes Nahrungsangebot durch Wildtiere ist in Europa fast überall gegeben. Ausnahmen bilden lediglich die urbanen Bereiche, die für den Wolf wegen des Fehlens von Rückzugsräumen ohnehin unattraktiv sind. Damit stellt sich die Frage ein wenig anders. Sie lautet nicht mehr, welche Gebiete für den Wolf geeignet sind, sondern, wo es den Wölfen gut gefällt. Entscheidend ist diesbezüglich der Mensch – wie er die Landschaft nutzt und gestaltet und wie er sich verhält.

Im Gegensatz zu den anderen großen Beutegreifern können sich Wölfe erstaunlich gut mit der Präsenz von Menschen abfinden. Während Bär und Luchs den Menschen ganz entschieden meiden, kommen Wölfe den Wohn- und Wirtschaftsbereichen von Menschen mitunter recht nahe.

In einer Arbeit aus dem Jahr 2014 hat Guillaume Chapron von der Schwedischen Agraruniversität gemeinsam mit anderen Wissenschaftlern berechnet, mit welchem Ausmaß an Menschenpräsenz sich Wölfe arrangieren können. Wenig überraschend findet man sie demnach überwiegend in spärlich besiedelten Regionen. Neu ist die Erkenntnis, dass Wölfe auch in Gebieten sesshaft werden, in denen 3.000 Menschen pro Quadratkilometer oder sogar mehr leben. 3.000 Menschen ist ziemlich viel. In Österreich, das mit seinem großen Anteil an Gebirgslandschaften eine geringe Siedlungsdichte hat, kommen durchschnittlich 106 Menschen auf den Quadratkilometer, in der Schweiz sind es 207, in Deutschland 232.

Damit ist klar, dass eine durchschnittliche Menschenpräsenz für Wölfe keine abschreckende Wirkung hat. Mit Ausnahme von Berlin ist in allen deutschen Bundesländern eine geringere Bevölkerungsdichte gegeben als die in der Studie von Chapron und anderen angeführten 3.000 Menschen pro Quadratkilometer – und selbst durch dicht verbautes Gebiet von Berlin sind Wölfe schon gewandert.

Die schiere Präsenz von Menschen hält Wölfe also nicht davon ab, ihre Reviere abzustecken. Noch weniger schreckt sie offenbar die von Menschen errichtete Infrastruktur ab. Straßen und Schienen sind den Wölfen bei ihren Wanderungen und Jagdzügen zwar hinderlich, stellen aber keine unüberwindbaren Barrieren dar, da Wölfe Zäune überwinden und Brücken oder Unterführungen nutzen (▸ **Seite 54**). Verschiedene

Habitateignung

Der Alpenbogen und angrenzende Regionen sind für Wölfe bestens geeignete Lebensräume.

Geeignete (●) und **weniger geeignete Lebensräume** (●) für Wölfe entlang des Alpenbogens. Die Karte wurde unter Berücksichtigung der Parameter Straßendichte, Weidendichte, Siedlungsdichte, dichte Agrarflächen erstellt.

Quelle: Herrmann, T. 2011. Habitat Suitability modelling for wolves (*Canis lupus*). Warsaw University of Live Sciences–SGGW, Eberswalde University for Sustainable Development–HNEE.

Untersuchungen zeigen, dass Wölfe auch in Gebieten mit hoher Straßendichte leben können, wenn diese dort von den Menschen toleriert werden und die häufigen Verluste durch Verkehrsunfälle die Population nicht zusammenbrechen lassen.

Die Etablierung von Wölfen wird also weder durch die Präsenz von Menschen noch Menschenwerk verhindert. Es kommt darauf an, wie sich die Menschen verhalten. Wissenschaftler sprechen von »anthropogenen« Einflüssen auf die Wölfe. Hauptsächlich ist das die Verfolgung und Störung. Wo Wölfe konsequent bejagt werden, etwa im Dinarischen Gebirge oder in Rumänien, meiden sie die Siedlungsräume der Menschen ziemlich konsequent. Auch wo viel Unruhe herrscht, etwa durch landwirtschaftliche Aktivitäten, werden Wölfe nicht dauerhaft sesshaft werden.

Neben der ökologischen Tragfähigkeit eines Gebiets – dem Nahrungsangebot für Wölfe – kommt die ökonomische Tragfähigkeit ins Spiel. Ob also die Menschen die Präsenz der Wölfe tolerieren oder besser, wie groß die Schadenstoleranz ist. Das ist vor allem dort nicht der Fall, wo die wirtschaftlichen Interessen der Menschen durch Wölfe stark beeinflusst werden. Etwa in Gebieten mit Tierhaltung auf ungeschützten Weiden – Stichwort Almwirtschaft (▸ **Seite 43**). Auch dort, wo Wölfe den Jägerinnen und Jägern in die Quere kommen, indem sie das jagdbare Wild dezimieren oder dessen Verhalten so beeinflussen, dass der Jagderfolg gemindert wird (▸ **Seite 96**). In diesen Fällen ergreifen die Menschen in aller Regel Maßnahmen gegen den Wolf, die je nach Gesetzeslage (▸ **Seite 36**) und Gesetzestreue der betroffenen Bürger mehr oder weniger intensiv und rustikal ausfallen (▸ **Seite 66**).

Erfahrungen aus Gebieten mit großer Wolfspräsenz und unzureichendem Artenschutz der Wölfe zeigen deutlich, dass radikale Verfolgung sehr rasch die Wölfe aus dem betroffenen Gebiet verschwinden lässt – das Gebiet von den Wölfen also nicht mehr als geeigneter Lebensraum empfunden wird. Ist das Konfliktpotenzial zwischen Mensch und Wolf hoch, kann aus ökonomischen Gründen aus einem ökologisch attraktiven Lebensraum ein gänzlich ungeeigneter werden.

Auf Ruhestörung reagieren Wölfe vor allem bei der Aufzucht ihrer Jungen sensibel, denn dafür benötigen sie menschenfreie Rückzugsräume. Womit doch wieder große Waldgebiete und Gebirgsregionen ins Spiel kommen, die – wenn überhaupt – von Menschen sehr zurückhaltend genutzt werden. Nicht von ungefähr befinden sich die großen Wolfspopulationen in waldreichen Regionen wie den Apenninen und den Karpaten.

Wald ist also im Hinblick auf die Ungestörtheit ein erheblicher Wohlfühlfaktor für Wölfe. Die an der Schwedischen Agraruniversität tätigen Biologen Grzegorz Mikusinski und Per Angelstam haben in einer Arbeit aus dem Jahr 2004 herausgefunden, dass die Häufigkeit des Auftretens von Wölfen mit zunehmender Waldbedeckung um bis zu 50 % steigt.

Die Ruhe kann freilich auch durch andere Umstände als Waldbedeckung gewährleistet werden. Beispielsweise, wenn Menschen von gewissen Arealen ferngehalten werden. Bei militärischen Sperrgebieten ist das der Fall. In Deutschland sind von den 21 Truppenübungsplätzen mit mindestens 30 Quadratkilometern Fläche 13 von Wölfen besiedelt – obwohl auf diesen Arealen gelegentlich Übungen mit großer Lärmentfaltung abgehalten werden. Das erste reproduzierende Wolfsrudel in Österreich etablierte sich auf dem Truppenübungsplatz Allentsteig in Niederösterreich.

Wie ein Vergleich zeigt, sind Truppenübungsplätze für Wölfe offenbar deutlich attraktiver als Naturschutzgebiete: In Deutschland bestehen 55 Naturschutzgebiete mit einer den Truppenübungsplätzen vergleichbaren Größe, und nur in acht davon haben sich Wölfe dauerhaft niedergelassen.

Es sind auch Fälle bekannt, in denen Wölfe mit Menschen so etwas wie Timesharing von Gebieten betreiben. So wurde bereits 1990 in den Abruzzen beobachtet, wie sich Wölfe tagsüber in unzugänglichen Hanglagen des Gebirges zurückzogen und nachts in die Täler und damit die Nähe menschlicher Siedlungen zur Futtersuche zogen.

Nicht zuletzt können auch Wölfe ein Faktor sein, der über die Eignung eines Lebensraums für Wölfe entscheidet. Wolfsrudel verteidigen ihre Reviere und lassen keine fremden Wölfe auf das von ihnen beanspruchte Gebiet. Wo also bereits Wölfe sind, kommen keine neuen Wölfe hinzu. Außer natürlich der Nachwuchs der Elterntiere. Der üblicherweise im zweiten Lebensjahr das Rudel verlässt, um sich eigene Lebensräume zu suchen.

Das erste reproduzierende Wolfsrudel in Österreich etablierte sich auf dem Truppenübungsplatz in Allentsteig.

Sonnenaufgang in Südböhmen an der Grenze zu Oberösterreich: In diesem Gebiet hat sich in den Jahren 2018 und 2019 ein Wolfsrudel angesiedelt.

Erbfeindschaft

10 WARUM UND WIE WURDEN DIE WÖLFE IN EUROPA AUSGEROTTET?

Zum Schutz der Nutztiere, aus Aberglauben, auf staatliche Anordnung und mit brutalsten Methoden.

Bis in die jüngste Vergangenheit war Ausrottung eine weithin akzeptierte Methode, wenn Menschen störende Tiere aus dem Weg haben wollten. Oder eine gleichgültig hingenommene Folge, wenn Tiere so lang und rücksichtslos genutzt wurden, bis keine Vertreter der Art mehr da waren.

Bei Ausrottungen kann man zwischen planmäßigen und nachlässigen unterscheiden. Die nachlässigen – in Form von Unterlassung gebotener Schutzmaßnahmen – finden aktuell in einem spektakulären Ausmaß statt. Stichwort Insektensterben, Stichwort Massensterben von Wirbeltieren. Von einer planmäßigen Form der Ausrottung war über mehr als ein halbes Jahrtausend der Wolf betroffen.

Den Menschen und besonders Viehzüchtern früherer Generationen ist zugutezuhalten, dass sie in Notwehr handelten. Der Verlust von Nutztieren konnte in kargen Zeiten über nicht weniger als Gedeih und Verderb von Familien oder Sippen entscheiden.

Für Bauern und Viehhalter wurden die Übergriffe von Wölfen spätestens im Mittelalter zu einem veritablen Problem. In dieser Zeit kam es zu einer starken Ausweitung der Landwirtschaft mit der Folge, dass Waldflächen für Ackerland gerodet und ehemals geschlossene Forste in einzelne Waldstücke zerlegt wurden. Das Wild in den Wäldern diente dem Jagdvergnügen hochmögender Herrschaften, unterlag also einem besonderen Schutz und vermehrte sich prächtig. Für Wölfe war das allerdings keine gute Nachricht, denn sie wurden von diesem reich gedeckten Tisch durch die Bediensteten des Adels ferngehalten, mussten sich also in entlegenere Gebiete zurückziehen, wo Bauern nur über bescheidene Mittel zur Verfolgung von Wölfen verfügten. Übergriffe der Wölfe auf Haustiere waren die logische Folge.

Dazu förderte die politische Lage in weiten Teilen Europas das Anwachsen der Wolfspopulationen. Von 1337 bis 1453 lagen Frankreich und England im Hundertjährigen Krieg. Auf den Schlachtfeldern blieben ungezählte Tote, die Kriegswirren führten zu gewaltigen Hungersnöten, es wütete die Pest. Wo unbeerdigte oder nur notdürftig verscharrte Leichen lagen, fanden Wölfe reichlich Nahrung. In diesen Zeiten entstanden auch die Schauergeschichten über menschenfressende Wölfe. Obwohl die allermeisten von Wölfen konsumierten Menschen nicht von den grauen Jägern umgebracht wurden, sondern zuvor bereits tot waren, hat auch die Furcht vor Wolfsattacken auf Menschen zur rigorosen Verfolgung der Wölfe beigetragen.

Bei der Bekämpfung der »Wolfsplage« war den Menschen jedes Mittel recht. Da Bauern keine oder nur sehr schlechte Waffen hatten, griffen sie zu archaischen Methoden. Verbreitet nutzte man Gruben mit Klappmechanismen, um darin Wölfe zu fangen, mit Lanzen zu erstechen oder mit Steinen zu erschlagen. Der im deutschen Sprachraum häufige Ortsname »Wolfsgrube« zeugt von dieser Praxis. Man tötete Wölfe auch durch das Auslegen sogenannter Wolfsangeln, die heute noch in einigen Stadtwappen abgebildet sind. Es handelte sich dabei um scharfe Eisenteile, die mit Ködern versehen so aufgehängt wurden, dass Wölfe sie nur im Sprung erreichen konnten. Schnappten sie nach dem Köder, gerieten sie an die Angel. Auch mit Schlingen wurden Wölfe (und nebenher zahlreiche weitere Tiere) gefangen.

Zur Zeit des Barock kam Arsen als Kampfstoff gegen Wölfe in Mode, was ähnliche Folgen hatte wie das Auslegen von Schlingen – es wurden nicht nur Wölfe getötet, sondern auch zahlreiche andere Tiere, die sich für die vergifteten Köder interessierten.

Im 19. Jahrhundert setzte man schließlich vermehrt Totschlagfallen aus halbkreisförmigen Eisenbügeln ein. Diese sogenannten »Schwanenhälse« schnappten bei Berührung zu, wodurch die davon betroffenen Tiere entweder gleich umgebracht oder zumindest tödlich verletzt wurden.

Schusswaffen kamen bei der Bekämpfung der Wölfe erst relativ spät ins Spiel, denn Gewehre standen nur wenigen begüterten und

Wolfsangel in Stadtwappen

Die Wolfsangeln in den Wappen von Mannheim und Frankfurt-Bornheim.

berechtigten Personen zur Verfügung und waren eher untaugliche Geräte, um überwiegend nachtaktive Tiere wie Wölfe zu bejagen.

Der Adel als einzig jagdberechtigte Klasse hatte lange Zeit kein Interesse an der Wolfsjagd. Man überließ die eher mühsame und wegen der fehlenden Trophäen unattraktive Verfolgung der Beutegreifer dem Personal, verpflichtete aber auch die gemeine Bevölkerung zur Dezimierung der Wölfe. Der große Reformer aus der Dynastie der Habsburger, Joseph II., verabschiedete beispielsweise ein Gesetz zur Ausrottung der Wölfe. Mit Belohnungen, deren Höhe für manche Bauern ein kleines Vermögen darstellte, wurde die Landbevölkerung zur Ausrottung der Wölfe animiert. Häufig machte sich auch die Kirche um die Organisation von Wolfsjagden verdient. Dass die Gläubigen den Aufrufen der geistlichen Herren bereitwillig folgten, zeigt ein Beispiel aus Westfalen, wo sich 1623 nach entsprechender Mobilisierung nicht weniger als 825 Männer an einer Wolfsjagd beteiligten.

Der Erzbischof von Köln, auch Jagdherr im Arnsberger Wald, setzte 1641 im Kampf gegen die Wölfe hohe Fangprämien aus und beorderte seine Schäfchen von der Kirchenkanzel zur Wolfshatz. Der letzte Wolf wurde in Westfalen, in dem der heute als Naturpark gewidmete Arnsberger Wald liegt, 1835 erlegt. Ein 1935 errichteter Gedenkstein zeugt davon – zum größeren Ruhm des Gastwirts Hennemann, der diese letzte Tat in einem langen Trauerspiel verrichten konnte.

Aktuell gibt es übrigens Anzeichen, dass Wölfe nach einer Abwesenheit von nahezu 200 Jahren auch in den Arnsberger Wald zurückkehren. Zahlreiche Anrainer machen dagegen bereits mobil.

Der permanente Verfolgungsdruck über mehrere Jahrhunderte verfehlte seine Wirkung nicht. Die Wölfe wurden aus den landwirtschaftlich genutzten Regionen Europas und weiten Teilen Asiens vertrieben und konnten sich nur noch in abgelegenen Gebieten wie dem Karpatenbogen oder der sibirischen Tundra halten.

Die einschlägige Chronik zeigt, dass die Wölfe in der Schweiz bereits zur Mitte des 17. Jahrhunderts aus dem Mittelland verschwunden und nur noch in den alpinen Bereichen anzutreffen waren. Als es nach dem Einmarsch der Franzosen 1798 zu umfangreichen Gesetzesänderungen kam und das zuvor dem Adel und Klerus vorbehaltene Jagdrecht auf breite Bevölkerungskreise überging, geriet jegliches Wild unter massiven Druck. Die Jagd wurde äußerst intensiv ausgeübt, ganz besonders, als es ab 1815 zu mehreren Missernten und argen Hungersnöten kam. Infolge von Jagd und Wilderei wurden nicht nur die Wölfe drastisch dezimiert, sondern auch deren Beutetiere. Der Steinbock kam

Im Vergleich der deutschsprachigen Länder wurde den Wölfen in Deutschland der kürzeste Prozess gemacht.

Mit der Fragmentierung der Wälder und der Intensivierung des Jagdbetriebs verschwand der Wolf schon in den 1830er-Jahren aus den westlichen Bundesländern des heutigen Österreich. In seinem Hauptverbreitungsgebiet, der Steiermark, wurde er zur Mitte des 19. Jahrhunderts ausgerottet.

in der Schweiz zur Mitte des 19. Jahrhunderts nur noch als Wappentier vor, der Rothirsch war bis auf wenige Exemplare ausgerottet, der Bestand an Rehen äußerst gering.

Abgesehen von der Verfolgung kamen die Wölfe in der Schweiz also auch durch den Mangel an Beutetieren gehörig unter Druck. Die Übergriffe von Wölfen auf Nutztiere stiegen, was die Viehhalter zu einer noch heftigeren Verfolgung der großen Beutegreifer veranlasste. 1870 war das Wallis wolfsfreie Zone, 1872 das Tessin, 1874 Solothurn. Nur im äußersten Norden des Jura konnten noch bis 1890 Wölfe beobachtet werden.

Sehr ähnlich erging es den Wölfen in Österreich. Mit der Fragmentierung der Wälder und der Intensivierung des Jagdbetriebs verschwand der Wolf schon in den 1830er-Jahren aus den westlichen Bundesländern des heutigen Österreich. In seinem Hauptverbreitungsgebiet, der Steiermark, wurde er zur Mitte des 19. Jahrhunderts ausgerottet. Den letzten im Wienerwald lebenden Wolf durfte Erzherzog Franz Karl von

Österreich 1846 erlegen. Im Hausruckviertel konnten sich Wölfe noch bis etwa 1870 halten, und aus dem Salzkammergut wurde eine letzte Wolfssichtung im Jahr 1881 gemeldet. Danach traten Wölfe in Österreich nur noch gelegentlich auf, was sie allerdings vor schlechter Behandlung durch Menschen nicht bewahrte. 1903 wurden aus Slowenien eingewanderte Wölfe bei Ratschendorf und Mureck erschossen, ein durch das Wechselgebiet streifender Wolf wurde 1936 mit Strychnin vergiftet.

Im Vergleich der deutschsprachigen Länder wurde den Wölfen in Deutschland der kürzeste Prozess gemacht. Die systematische Bekämpfung startete im 15. und 16. Jahrhundert, wobei neben den oben erwähnten Geräten und Techniken auch sogenannte »Lappjagden« zum Erfolg führten. Dabei wurden Wolfsgebiete mit Lappenzäunen (▸ **Seite 87**) eingegrenzt, die darin festgesetzten Tiere zusammengetrieben und mit Knüppeln erschlagen.

Während des Dreißigjährigen Krieges, in dem die Menschen andere Prioritäten als die Verfolgung von Wildtieren hatten, erholten sich die Wolfsbestände, nur um zur Mitte des 17. Jahrhunderts mit noch mehr Vehemenz reduziert zu werden. Besonders hervortun konnten sich die Wolfsjäger in Preußen, die im Jahr 1700 nicht weniger als 4.300 Wölfe zur Strecke brachten. Bereits um das Jahr 1750 waren Wölfe auf dem Gebiet des heutigen Deutschland faktisch ausgerottet. Was danach erlegt wurde, waren Einwanderer aus anderen Ländern. Eine Reproduktion von Wölfen ist im 19. Jahrhundert in Deutschland nicht belegt.

Wo sich Wölfe länger halten konnten – etwa in Schweden und Teilen Frankreichs – war die Jagd auf Wölfe noch bis zum 20. Jahrhundert gesetzlich erlaubt oder sogar vorgeschrieben.

Obwohl von besorgten Bürgern in Gebieten mit Wolfspräsenz neuerdings wieder die gewaltsame Vertreibung der Wölfe gefordert wird, ist eine mit den historischen Ereignissen vergleichbare Verfolgung undenkbar. Nicht nur, dass der Artenschutz (▸ **Seite 37**) die Jagd auf Wölfe massiv einschränkt, es fehlt auch an den Ressourcen für eine rigorose Reduktion der Wolfsbestände. Freizeitjäger interessieren sich nur sehr eingeschränkt für die mühsame Jagd auf große Beutegreifer. Wollte man die Wölfe in Europa erneut ausrotten, müssten die Staaten diese Aufgabe an sich ziehen und eigens dafür engagierten Berufsjägern übertragen. Damit wäre die Jagd wieder Sache des Souveräns, wie zu Zeiten des Jagdregals, als nur die Herren eines Territoriums über Leben und Tod in ihren Jagdrevieren entscheiden durften.

Anpassung an neue Mitbewohner

11 WAS ÄNDERT SICH AM VERHALTEN DER MENSCHEN, WENN WÖLFE DA SIND?

Bewaffnung, Vermeidung von Gefahrenzonen und Schutz der Kinder sind Maßnahmen gegen eine imaginierte Gefahr.

Spätestens seit dem Dreißigjährigen Krieg ist die Angst vor Wölfen umfangreich dokumentiert. Mit ihrer Ausrottung in weiten Teilen Europas (▸ Seite 66) verschwanden sie auch aus dem Bewusstsein der meisten Menschen. Jetzt kehren sie auch dorthin zurück. Und überwiegend ist das wieder mit dem Freiwerden von Ängsten verbunden.

Real begründet sind diese Ängste, wenn sie die Sicherheit von Weidetieren betreffen. Recht unbegründet sind sie im Hinblick auf die Gefahr für Menschen (▸ Seite 29). Doch Menschen mit Angst reagieren häufig unverhältnismäßig.

So machen in Gebieten mit Wölfen Waffenhändler beste Geschäfte. Vor allem, wenn die Wölfe neu in eine Region kommen. Im Waldviertel, wo 2016 das erste reproduzierende Wolfsrudel in Österreich seit Ausrottung der Wölfe vor rund 150 Jahren nachgewiesen wurde, fanden nach Bekanntwerden dieses Umstands Faustfeuerwaffen für viele Monate reißenden Absatz.

Neben diesen Investitionen in Mittel zur Selbstverteidigung war auch eine Verhaltensänderung der Bevölkerung zu beobachten. Hunde, die früher frei durchs Gelände laufen durften, werden seit Auftauchen der Wölfe nur noch an der Leine durch die Natur bewegt. Zahlreiche Eltern lassen ihre Kinder in der dunklen Jahreszeit nicht mehr mit öffentlichen Verkehrsmitteln zur Schule fahren, in Sorge, die Kinder könnten auf den Wegen zur oder von den Haltestellen Opfer eines Wolfsangriffs werden. Das im Waldviertel beliebte Suchen von Pilzen haben viele Bewohner in der weiteren Umgebung des Wolfsrudel-Standorts aufgegeben.

Derartige Reaktionen sind nicht zuletzt auf die in vielen Medien ausführlich dargestellte und zum Teil krass überzeichnete Wolfsgefahr zurückzuführen.

Eine der spektakulärsten Geschichten im Zusammenhang mit dem Pilzesuchen soll sich 2016 in den Nordwest-Territorien Kanadas zugetragen haben. Eine Frau berichtete, dass sie und ihr Hund zwölf Stunden von einem einsamen, alten Wolf verfolgt und immer weiter in den Wald getrieben worden wären. Erst das Auftauchen einer Bärin mit Jungem hätte den Wolf abgelenkt und so ihr Leben und das ihres Hundes gerettet.

Derartige Geschichten verfehlen ihre Wirkung nicht, auch wenn die Wahrscheinlichkeit, dass sich die Episode so zugetragen hat und es der Wolf tatsächlich auf die Frau oder den Hund abgesehen hatte, nicht sehr hoch ist.

Durchaus nachvollziehbar ist hingegen, wenn Landwirte in Sorge um ihre Tiere und ihr wirtschaftliches Fortkommen zu Aktionismus neigen. So werden beispielsweise in deutschen Wolfsgebieten wie Brandenburg und Sachsen seit Jahren »Mahnwachen« gegen den Wolf abgehalten. Gemahnt wird dabei vor allem die Politik, von der sich die Landwirte und Bürger mehr Schutz vor den Wölfen erwarten.

»In der Wolfsdiskussion brauchen wir weder Panikmache noch Verharmlosung, sondern nackte Fakten!«

Benedikt Terzer, Geschäftsführer des Südtiroler Jagdverbandes

12 WAS ÄNDERT SICH DURCH DEN WOLF IN DER TOURISMUSWIRTSCHAFT?

In manchen Bereichen gar nichts. Aber nicht wenige Gäste reagieren auf die Präsenz von Wölfen sehr sensibel.

Waren die Alpen früher ein Raum, in dem sich nur Experten gefahrlos bewegen konnten, sind sie heute in weiten Bereichen zu einer Landschaft für Sport und Freizeitvergnügen geworden. Viele Menschen zieht es in die Berge. Die Tourismuswirtschaft unterstützt den Zug Richtung Gipfel nach Kräften. Speziell in Österreich und der Schweiz ist das ultimative Naturerlebnis in den Bergen ein zentrales Produktversprechen und für einen bedeutenden Wirtschaftszweig ein identitätsstiftender Aspekt.

Durch das Auftreten von Wölfen in den Alpen wird auch der Tourismus betroffen werden. Am spektakulärsten könnte das geschehen, wenn Wanderer, Mountainbiker etc. Wölfen begegnen, womit – gefühlt oder real – ein neues Gefahrenpotenzial bei der Bewegung durch das alpine Gelände zu berücksichtigen wäre.

Ob die Präsenz von Wölfen Einfluss auf das Freizeitverhalten der Urlauber oder Ausflügler hat, haben Wissenschaftler der Universität für Bodenkultur Wien im Rahmen einer »Gutachterlichen Stellungnahme zu den Auswirkungen rückkehrender Wölfe« untersucht (erstellt im Jahr 2018, veröffentlicht 2019). Die entsprechenden Daten wurden aus mehr als tausend Interviews gewonnen, wobei allerdings nur Österreicher befragt wurden. Die Aussagekraft der Studie betreffend Alpenbesucher aus anderen Ländern ist damit eingeschränkt.

Die Österreicher jedenfalls lassen sich von der Präsenz des Wolfes mehrheitlich nicht abschrecken. Wanderern aus urbanen Gebieten und Mountainbikern ist es recht egal, ob sich Wölfe in einem Gebiet herumtreiben, für manche erhöht das sogar die Attraktivität eines Freizeitreviers. Lediglich ältere Bergbesucher, und hier vor allem solche aus ländlichen Regionen, lassen sich durch die Möglichkeit einer Wolfsbegegnung negativ beeinflussen.

Indirekt beeinflusst kann das Touristenverhalten durch die erwartbare Veränderung der Almlandschaft (▸ **Seite 79 und 85**) werden. Durch Schutzmaßnahmen wie Elektrozäune würden Wanderer zu Umwegen oder Änderungen ihrer Routen gezwungen. Wenn infolge der Wolfspräsenz Bauern die Almwirtschaft aufgäben, würden freie Almwiesen wieder zu Busch- und Waldgebieten werden, die Landschaft den Besuchern also ein völlig anderes Bild bieten. Ob das die Präferenzen von Besuchern beeinflusst, wurde im Rahmen der gutachterlichen Stellungnahme ebenfalls untersucht.

Die Befürchtung, dass durch »Verwaldung« von Almen die Attraktivität der entsprechenden Gebiete für Touristen verloren geht, ist nach dieser Untersuchung unbegründet. Nur ein kleines Segment der Befragten – Menschen, die ausdrücklich den Besuch von Almhütten, die Beobachtung der Weidetiere, den Genuss der Erzeugnisse aus der Almwirtschaft schätzen – empfände das Zuwachsen der Almen als Verlust und würde sein Freizeitverhalten ändern. Die Mehrheit der Wanderer und Mountainbiker bliebe davon weitgehend unberührt. Lediglich Herdenschutzmaßnahmen wie Elektrozäune mit oder ohne Herdenschutzhunde, die Umwege notwendig machen würden, finden keinen Beifall. Wenn sogar Kehrum verlangt wird, ist es mit der Toleranz schnell vorbei.

Gesamt zeigt die Untersuchung, dass Touristen aus urbanen Gebieten, solche mit höherem Bildungsgrad und sportlichen Ambitionen von einer Wolfspräsenz weitgehend unbeeindruckt blieben und ihr Freizeitverhalten nicht ändern würden. Die in dieser Untersuchung und im realen Tourismusgeschäft kleinere Gruppe der älteren Besucher aus dem ländlichen Raum reagiert deutlich empfindlicher auf das Wolfsszenario und die damit verbundenen Änderungen in den Bereichen der Almwirtschaft.

Bleibt zuletzt die Frage, welche ökonomischen Auswirkungen das Auftreten der Wölfe in den Bergen auf die Tourismuswirtschaft haben wird. Die Berechnung ist schwierig, weil das Verhalten der Touristen von zahlreichen Faktoren maßgeblich beeinflusst wird. Etwa, ob Wölfe nur an Hotspots auftreten oder sich großflächig etablieren, ob vergleichbare Tourismusangebote in wolfsfreien Gebieten ebenso zu finden sind wie in solchen mit Wolfspräsenz.

Zu ein paar Zahlen für das Szenario in Österreich haben die Wissenschaftler dennoch gefunden: Demnach könnten die Einnahmen aus dem Tourismus lokal bis zu 59 % zurückgehen. Im gesamten von Wolfspräsenz betroffenen Berggebiet Österreichs könnten 49,6 Millionen Euro oder 2,6 % der Wertschöpfung verloren gehen. Obwohl der Wolf also nur wenige Bergbesucher beunruhigt, kann er für die Tourismuswirtschaft ziemlich teuer werden.

Davon abgesehen hängen Antworten in Umfragen immer auch von der Betroffenheit ab. Nicht selten ändern sich Reaktionen der Menschen, wenn aus einer virtuellen »Gefahr« eine reale wird. Befragungen sind damit nicht nur kontextabhängig, sondern ändern sich auch in Raum und Zeit.

»Wolfswanderungen sind faszinierend: Man folgt einem Wesen, das weitgehend unsichtbar bleibt, und findet eine Vielzahl seiner Spuren. Der Wolf ist da, man spürt ihn deutlich.«

Stephan Kaasche, Naturführer mit Schwerpunkt Wolf in der Lausitz, Vortragender im Auftrag des Bundeslandes Sachsen

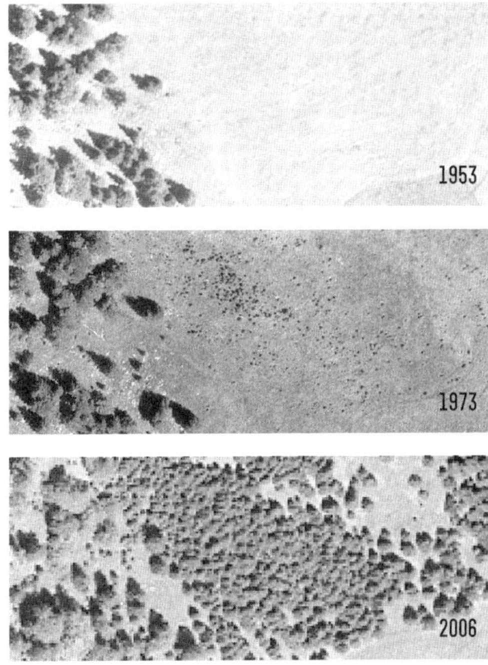

Der Wald kehrt zurück – und mit ihm der Wolf

Die **Vegetationsentwicklung** auf der Tannbergalm in den Chiemgauer Alpen zeigt deutlich, wie der Wald freie Almflächen zurückerobert, wenn diese nicht durch Beweidung oder Mahd offen gehalten werden.

13

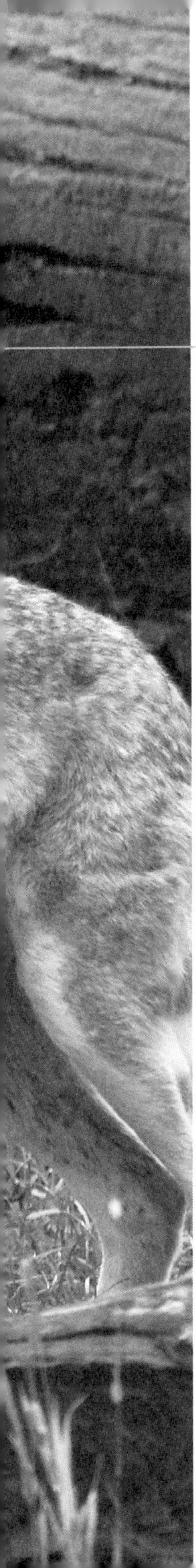

Bauer vs. Beutegreifer

WAS ÄNDERT SICH DURCH DEN WOLF IN DER LAND-WIRTSCHAFT?

In manchen Bereichen wird sich gar nichts ändern, in anderen wird die Wolfspräsenz zu einem massiven Umdenken bis hin zur Aufgabe gewisser landwirtschaftlicher Erwerbszweige führen.

Wo Nutztiere mit geringem Aufwand effektiv geschützt werden können oder ohnehin nur beaufsichtigt auf Weiden stehen, müssen sich Viehhalter über die Gefahr durch Wölfe keine großen Gedanken machen. Im Flach- oder Hügelland ist es relativ leicht, Elektrozäune zu ziehen und diese mit der Bewegung der Herden zu verlagern. In diesen Gebieten werden sich Landwirte mit Wölfen gut arrangieren können.

Ganz anders ist das im Gebirge. Die Almwirtschaft ist fast flächendeckend von ungeschützten Nutztierbeständen geprägt. Allein in Österreich werden Jahr für Jahr nicht weniger als 460.000 Nutztiere gealpt.

Diese Art der Viehhaltung ist im internationalen Vergleich eher unüblich und konnte sich nur durch die Absenz der großen Beutegreifer und speziell der Wölfe durchsetzen. Wo Viehhalter seit jeher mit Wolfspräsenz leben und wirtschaften, fällt es niemandem ein, Nutztiere im Frühsommer auf die Weiden zu stellen, sie für ein paar Monate sich selbst zu überlassen und im Herbst wieder auf die Bauernhöfe zu treiben. Zur Weidetierhaltung gehören in Wolfsgebieten auch Hirten, Hütehunde, Herdenschutzhunde und Pferche, in denen die Weidetiere über Nacht gesichert werden.

Auf Almen ist dergleichen unbekannt und mit vertretbarem finanziellem Aufwand vielerorts auch nicht mehr machbar. Die Gründe dafür sind zahlreich (▸ **Seite 85**). Wenn aber keine geeigneten Maßnahmen zur Abwehr der Wölfe getroffen werden, ist es vor allem in der Etablierungsphase der Wölfe im alpinen Raum durchaus denkbar, dass Nutztiere einen vergleichsweise hohen Anteil an der Beute der Wölfe ausmachen. Betroffen davon wären überwiegend kleine Tiere wie Schafe und Ziegen, aber auch junge Rinder und Pferde.

Kommt der Wolf, werden die Almbauern also ganz unvermeidlich mit zusätzlichen Kosten, zusätzlichem Aufwand und zusätzlicher mentaler Belastung konfrontiert. Wer allfällige Kosten tragen soll, ist noch nicht ausdiskutiert. Für die Kompensation von Schäden durch Wolfsrisse sind zwar Fonds eingerichtet (▸ **Seite 143**), der bürokratische Aufwand von der Meldung des Schadensfalls bis zur Lukrierung der Kompensationszahlung bleibt allerdings erheblich.

Wenn ein Wirtschaftszweig und die damit einhergehende Pflege unserer Kulturlandschaft mit hoher Biodiversität erhalten werden soll, müssen Kosten irgendwie gedeckt werden. Indem sich Produzenten beispielweise mit geringeren Gewinnen begnügen – was bei almwirtschaftlichen Produkten mangels nennenswerter Gewinne nicht möglich sein wird. Indem der Wirtschaftszweig extern gefördert wird – hier wären beim gegenständlichen Thema die Subventionen der öffentlichen Hand gefragt. Die Bauern könnten letztendlich auch versuchen, die zusätzlichen Kosten an die Abnehmer ihrer Produkte weiterzureichen. Dazu müssten die Konsumenten jedoch bereit sein, für Fleisch- oder Milchprodukte aus Wolfsgebieten höhere Preise zu bezahlen. Dass Konsumenten aber bereit wären, für Produkte mit einem »Wolfsalm-Gütesiegel« deutlich höhere Preise zu bezahlen, ist allerdings zweifelhaft.

Was wird also geschehen, wenn gealpte Nutztiere aus Kostengründen nicht geschützt werden und Wölfe den Bestand schmerzlich dezimieren? Aller Voraussicht nach wird dadurch ein Prozess beschleunigt, der ohnehin schon in Gang und sehr wahrscheinlich unumkehrbar ist: Die Almwirtschaft, die für die meisten Bauern bereits jetzt ein finanziell eher unattraktiver Nebenerwerb ist, wird in weiten Bereichen eingestellt werden. Mit ökologischen, ideellen und wirtschaftlichen Folgen. Denn wenn Almen nicht mehr bewirtschaftet werden, schließen sich recht rasch die bewirtschafteten Weideflächen. Damit ändert sich nicht nur ein für den alpinen Raum typisches Landschaftsbild, es geht auch ökologische Vielfalt verloren (▸ **Seite 105**).

Durch die Einstellung der Almwirtschaft wird der Bereich der Nutztierhaltung mit höchster Tierwohl-Qualität verloren gehen und das

Angebot an Bio-Lebensmitteln geringer werden. Letzteres kann auch zu einem Imageschaden führen, sind doch Österreich und die Schweiz in Europa die Länder mit dem höchsten Anteil an Bio-Lebensmitteln und in dieser Disziplin Exportweltmeister. In der Tourismuswirtschaft trägt das nicht unerheblich zum Bild von naturgesunden Destinationen bei.

Mit erhöhter Wolfspräsenz und ohne massive Gegensteuerung durch Förderungen und professionelle Unterstützung wird zumindest im hochsensiblen Bereich der Almen ein Satz ganz rasch Gültigkeit erlangen, der bis jetzt nur die Funktion einer Drohkulisse hatte: Kommt der Wolf, geht der Bauer.

Seltener Anblick

Fotos von frei lebenden Wölfen in Europa, die nicht aus einer Fotofalle stammen, sind extrem selten. Dem Naturfotografen Peter A. Dettling gelang diese Aufnahme 2006 in der Surselva, im schweizerischen Kanton Graubünden.

14

Wenn sich Wölfe zu sehr für Schaf und Ziege interessieren

WIE KANN MAN WEIDETIERE VOR DEM WOLF SCHÜTZEN?

Durch Elektrozäune, Hirten und Schutzhunde. Alles teuer und nicht überall machbar.

Herdenschutz ist überall dort ein heiß diskutiertes Thema, wo sich Wölfe neu ansiedeln oder durchziehen. Die einfachste und billigste Lösung des Problems heißt: abschießen. Die komplexere und in vielen Ländern aus gesetzlichen Gründen einzig gangbare Methode besteht im Herdenschutz.

Untersuchungen haben gezeigt, dass die Jagd auf Wölfe sehr intensiv betrieben werden müsste, um einen merklichen Rückgang von Wolfsrissen an Nutztieren zu bewirken (▸ Seite 150). Falls man Wölfe nicht gleich wieder ausrotten will, sind Herdenschutzmaßnahmen ohne Feuerwaffen langfristig effektiver. Am wirkungsvollsten sind sie, wenn der Herdenschutz bereits betrieben wird, bevor Wölfe Schäden an Nutztieren angerichtet haben. Denn wie an anderen Stellen dieses Buches beschrieben, sind Wölfe äußerst gelehrige Tiere. Haben sie erkannt, dass Nutztiere auf Weiden eine leichte Beute sind, werden sie ein großes Interesse an diesen Tieren entwickeln. Werden sie von den Herden eindrucksvoll abgewiesen, suchen sie ihre Beute woanders.

Zahlreiche Studien und die Erfahrungen aus Ländern mit traditioneller Wolfspräsenz zeigen, wie Herdenschutz geht: mit Zäunen, Hirten und Hunden. Und für einen effektiven Schutz sind alle drei erforderlich.

Die Theorie ist also klar. Die Umsetzung in der Praxis wirft in manchen Regionen erhebliche, wenn nicht unüberwindliche Probleme auf.

Die erste Maßnahme für den Herdenschutz ist die Einzäunung des Weideareals. Ein einfacher Zaun reicht zur Wolfsabwehr freilich nicht.

Der Zaun muss Strom führen, und das nicht zu knapp. Zudem muss der Zaun hoch sein, weil Wölfe Hindernisse überspringen können. Die Empfehlungen für die Mindesthöhe von Wolfsabwehrzäunen schwanken zwischen 90 und 120 cm und gehen grundsätzlich in die Richtung: Je höher, desto besser. Weiters müssen die Zäune dicht mit dem Boden abschließen, um dem Wolf das Untergraben des Hindernisses zu erschweren.

Soweit die Theorie, die Praxis ist vor allem im alpinen Bereich mit viel Arbeit und hohen Kosten verbunden. Im ausgesetzten Gelände lassen sich Zäune nur mit viel Aufwand errichten und bei ungünstigem Wetter – Stichwort Schneelage – gar nicht. Darüber hinaus sind die Weideflächen so umfangreich, dass man sie unmöglich mit einem einzigen elektrisch geladenen Zaun einhegen könnte. Die Zäune müssten also immer wieder an neue Standorte verlegt werden. Hinzu kommt, dass viele Almen mit Kraftfahrzeugen nicht erreichbar sind. Das Material für den Zaunbau müsste also auf die Almen getragen werden.

Der Aufwand für die Errichtung und Wartung von Zäunen ist also beträchtlich. Selbst wenn sich die Viehhalter zu dieser Schutzmaßnahme entschließen könnten – eventuell motiviert durch Förderungen der öffentlichen Hand – wäre das Wolfsbedrohungsproblem noch nicht gelöst. Wölfe überwinden Zäune, wenn ihnen danach ist und sie sich ungestört mit dem Hindernis beschäftigen können (▸ **Seite 54**).

Schützen vor Wölfen

- › Pyrenäen Berghund (1)
- › Maremmen-Abbruzzen-Schäferhund (2)
- › Kaukasischer Owtscharka (3)
- › Kuvasz (4)
- › Kangal (5)

1

2

Und unerwünschte Nebenwirkungen haben die Zäune in alpinen Regionen auch. Mit der kompletten Einzäunung von Almen käme es zu einer Fragmentierung der Landschaft. Mit Folgen für Tier und Mensch. Die in den Almregionen lebenden Paarhufer, aber auch Hasen oder Murmeltiere könnten nicht mehr zu ihren gewohnten Äsungsflächen gelangen oder verlören einen Teil ihres Territoriums. Aber auch ausgewiesene Wanderwege würden von Elektrozäunen gequert. Für Wanderer müssten also Durchgänge und damit Schwachstellen im Zaunsystem geschaffen werden. Die Alternative dazu – Wanderer von den Almen zu verbannen – wird unter den am Tourismus interessierten Bewohnern der entsprechenden Regionen nicht mehrheitsfähig sein.

Auch Lappenzäune, bei denen bunte Bänder an einem Spanndraht flattern, können Wölfe davon abhalten, ein Areal zu betreten. Wölfe empfinden solche Konstruktionen als unheimlich und scheuen davor zurück. Mit Lappenzäunen wurde bereits Mitte des 19. Jahrhunderts gegen Wölfe vorgegangen. Man trieb sie damit in die Enge, um sie anschließend zu erschlagen. Zu diesem Zweck wird man Lappenzäune heute nicht mehr einsetzen. Sie können aber nützlich sein, um Wölfe für kurze Zeit von einem Weidegebiet fernzuhalten. Lässt man ihnen allerdings Zeit, das Hindernis zu beobachten und zu inspizieren, verlieren sie den Respekt davor.

»Der Einsatz von Herdenschutzhunden erfordert nicht nur von den Tierhaltern einen erhöhten Aufwand, sondern auch die Bereitschaft seitens Wanderern oder Mountainbikern, ihr Verhalten an geschützten Herden anzupassen und Rücksicht zu nehmen.«

Laura Huber-Eustachi, Wolfsmanagerin,
Land Baden-Württemberg

Ergänzend zum Elektrozaun sind für einen effektiven Schutz von Weidetieren Hunde erforderlich. Man spricht von Herdenschutzhunden. Diese müssen eine entsprechende Größe aufweisen, um den Wölfen überlegen zu sein, und darauf trainiert bzw. konditioniert sein, Wölfe abzuwehren. Aus der Geschichtsforschung weiß man, dass Menschen bereits vor 4.000 Jahren Schutzhunde einsetzten, um große Raubtiere von Nutztieren fernzuhalten. Mit dem Verschwinden der großen Beutegreifer aus vielen viehwirtschaftlich genutzten Regionen sind die Bedeutung von Herdeschutzhunden und das Wissen um ihre Zucht und Ausbildung verloren gegangen oder bedeutungslos geworden. Wo Wölfe wieder auftauchen, muss man sich mit dem entsprechenden Wissensschatz wieder vertraut machen.

Herdenschutzhunde werden speziell gezüchtet und ausgebildet. In der Schweiz, wo ein solches Zuchtprogramm vor einigen Jahren neu aufgelegt wurde, kommen vorzugsweise Hunde der Rassen Pyrenäenberghund (auch Patou genannt) sowie Maremmen-Abbruzzen-Schäferhund dafür infrage. Diese Hunde sind stämmige Gestalten mit einer Schulterhöhe von bis zu 80 cm. Einzelne Wölfe werden sich mit solchen Gegnern also eher nicht anlegen.

Hinsichtlich ihrer Funktion und Ausbildung unterscheiden sich Herdenschutzhunde markant von anderen Herdengebrauchshunden. Sie können Nutztiere nicht treiben und führen, sondern sind einzig dazu da, Gefahren abzuwehren.

Achtsamkeit, Loyalität und Schutzverhalten sind die Eigenschaften, die solche Hunde entwickeln müssen. Dazu braucht es eine aufwendige Ausbildung, in der vor allem ein starkes Beziehungsgefüge zwischen Schutzhunden, Tierhaltern und Herdentieren aufgebaut wird. Diese Sozialisierung der Hunde mit den Weidetieren basiert auf dem ganzjährigen Zusammenleben der Hunde mit ihrer Herde. Die Zusammenführung der Hunde mit den Weidetieren geschieht vorzugsweise während der Wintermonate im Stall. Nach eineinhalb bis zwei Jahren sind die Hunde üblicherweise reif genug, um eine Herde zu beschützen.

Wegen der langen Ausbildung und der relativ neuen Bedrohungslage durch Wölfe in Mitteleuropa sind Herdenschutzhunde gar nicht leicht zu bekommen. Die Nachfrage ist weit höher als das Angebot. In der Schweiz beispielsweise müssen Interessenten mit einer Wartezeit von zwei Jahren rechnen, bis sie einen solchen Hund erwerben können. Und das um nicht gerade kleines Geld, denn Herdenschutzhunde kosten zwischen 3.000 und 5.000 Euro – und das sind nur die Anschaffungskosten.

Mit einem einzelnen Hund ist es meistens nicht getan. Laut verschiedenen Studien wird für einen effektiven Schutz ein Hund pro hundert Schafe benötigt. Auf Schweizer Almen mit hohem Wolfsdruck setzen die Tierhalter mitunter sieben Hunde für eine Herde mit 400 Schafen ein.

Das Spezielle am Herdenschutzhund ist nicht nur seine Fähigkeit, Nutztiere gegen Aggressoren zu verteidigen. Verbunden damit ist seine ausgeprägte Eigenständigkeit. Im Vergleich zu anderen Hunden zeigen Herdenschutzhunde wenig Hang zur Unterwürfigkeit. Sie lassen sich vom Menschen ungern etwas anschaffen. Voraussetzung dafür, dass sie zumindest die notwendigen Befehle ihrer Vertrauensperson befolgen, ist ein starkes Durchsetzungsvermögen der Menschen, die mit der Betreuung der Hunde befasst sind. Mitunter werden auch erfahrene Hundehalter oder -halterinnen mit der Führung von Herdenschutzhunden vor gänzlich neue Herausforderungen gestellt.

Je nach Rasse üben Herdenschutzhunde das Schutzverhalten auf verschiedene Art aus. Manche Hunde bleiben vorzugsweise in der Mitte der Herde und treten erst beim Auftauchen einer Gefahr heraus, um sich dem bedrohlichen Wesen zu stellen. Andere Hunde wahren eine gewisse Distanz zur Herde und schaffen so einen räumlichen Puffer zwischen »ihren« Tieren und der Gefahrenquelle. Die Verteidigungsmaßnahmen der Schutzhunde bleiben anfangs passiv. Sie nähern sich dem Störenfried selbstbewusst und mit Nachdruck, zeigen ein ausgeprägtes Imponiergehabe und verbellen den potenziellen Gefährder nach Kräften. Herdenschutzhunde zeigen also ein abschreckendes Verhalten. Bis zum Überschreiten einer gewissen Reizschwelle greifen sie aber nicht an. Bewegt sich das störende Tier oder auch ein unbekannter Mensch, spiegeln Herdenschutzhunde diese Bewegung wider, um die Distanz des potenziellen Eindringlings zu ihrer Herde aufrecht zu erhalten. Entfernt sich die Gefahr von der Herde, geht auch der Herdenschutzhund wieder in einen ruhigen Bereitschaftsmodus über.

Problematische Situationen können entstehen, wenn das Verhalten von Herdenschutzhunden missverstanden wird. Wildtieren wie dem Wolf wird das nur ausnahmsweise passieren. Wanderern und deren Hunden kann das aber leicht widerfahren. Wer im Herdenschutzhund eben auch nur einen Hund sieht, den man mit guten Worten, Streicheleinheiten und einem Leckerli besänftigen kann, macht unter Umständen schmerzhafte Erfahrungen. Vor allem respektlose Hunde können bei Herdenschutzhunden unangemessene Reaktionen auslösen, deren Folgen ein Fall für den Tierarzt sind.

Bei allen damit verbundenen Kosten und Herausforderungen ist die Haltung von Herdenschutzhunden eine attraktive Methode, um Tierverluste durch Wolfsrisse zu reduzieren. Eine in Bulgarien durchgeführte Studie zeigt ihre Nützlichkeit. Lagen dort die von Großraubtieren verursachten Verluste in ungeschützten Schafherden bei 10 %, sank diese Rate durch den Einsatz von Herdenschutzhunden auf 1 %.

Den Hunden die Bewachung der Herde allein zu überlassen, ist nur eingeschränkt möglich. Zwar gibt es in südeuropäischen und osteuropäischen Ländern Beispiele, in denen Nutztiere nur von Schutzhunden begleitet gehalten werden, doch diese sind in Mitteleuropa nicht reproduzierbar. Das liegt zum einen am Tierschutzgesetz, nachdem Hunde Anspruch auf trockene Unterstände, Fütterung und die Obsorge durch Menschen haben. Es gibt aber ein noch gewichtigeres Argument. Hunde, die nur sehr spärlichen Kontakt zu Menschen haben, entwöhnen sich vom Menschen und werden dadurch eine Gefahr für Menschen. Vor allem im alpinen Wandertourismus, an dem in Österreich, Italien, der Schweiz und Frankreich bedeutende wirtschaftliche Interessen hängen, wären gefährliche Hunde ein veritables Problem. Wie die einschlägige Unfallstatistik zeigt, können manche Wanderer nicht einmal mit Kühen umgehen, wie sollte diese Klientel vor aggressiven Herdenschutzhunden sicher sein?

Übrigens kann nicht nur der Hund Nutztiere vor Wolfsangriffen schützen. Es gibt auch erfolgversprechende Versuche mit Lamas, Alpakas und Eseln. Diese zeigen eine natürliche Aggression gegen hundeartige Tiere und sind groß sowie wehrhaft genug, um einzelne Wölfe in die Flucht zu schlagen. Eine ganze Reihe von Faktoren macht den Herdenschutz durch Lamas etc. allerdings problematisch. So können Wolfsrudel auch ausgewachsene Tiere dieser Arten reißen. Das Aggressionspotenzial gegenüber Hunden und Wölfen ist bei Lamas, Alpakas und Eseln individuell sehr verschieden. Lamas bilden eigene Herden, sobald sie mindestens zu zweit auf einer Weide stehen, und kümmern sich dann nicht mehr um den Schutz der ihnen anvertrauten Schafe oder Ziegen. In Summe kann also davon ausgegangen werden, dass der Schutzhund seine wilden Verwandten am ehesten von Übergriffen auf Weidetiere abhält.

Nicht zuletzt können auch Menschen direkt ihre Herden vor großen Beutegreifern schützen. Über Jahrtausende wurde das durch Hirten erledigt. Sie halten in Zusammenarbeit mit Hütehunden die ihnen anvertrauten Nutztiere zusammen und sorgen dafür, dass die Herde kompakt bleibt. Allein das ist ein Beitrag zur Sicherheit der Tiere, da

Wölfe vorzugsweise vereinzelt stehende Schafe oder Ziegen und fallweise auch Kälber und Fohlen angreifen. Kompakte Herden sind auch die Voraussetzung dafür, dass Herdenschutzhunde ihr volles Potenzial entfalten können.

Mit dem Verschwinden der großen Beutegreifer aus Mitteleuropa ist die Behirtung von Weidetieren allerdings entbehrlich geworden. Damit gibt es heute, da die Wölfe wieder da sind, viel zu wenige Hirtinnen und Hirten, die qualifiziert und willens für die Betreuung von Tierherden wären.

Will man die derzeit noch unbetreuten Tierherden durch den Einsatz von Hirtinnen und Hirten schützen, muss das entsprechende Berufsbild ins gesellschaftliche Bewusstsein zurückgerufen werden. In Deutschland gibt es bereits die Möglichkeit der Ausbildung von Hirtinnen und Hirten in Form einer Lehre. Die Schweiz hat bereits 2009 eine modulartige Schafhirtenausbildung eingeführt. In Österreich gibt es dergleichen noch nicht. Es bliebe hier allenfalls die Möglichkeit, fachlich qualifizierte Hirten oder Hirtinnen aus Slowenien oder Tschechien zu engagieren – mit der Folge, dass dieses Personal in seinen Heimatländern fehlen und das aktuell in Österreich bestehende Problem ungeschützter Herden in ein Nachbarland exportiert werden würde.

Bleibt zuletzt die Frage, ob in unserer modernen Zeit nicht auch der Herdenschutz durch technische Maßnahmen möglich wäre. Daniel Mettler von der Universität Bern ist dieser Frage nachgegangen und zum Ergebnis gekommen: ja, aber. Bewegungsmelder in Verbindung mit optischen und akustischen Signalen können Wölfe vertreiben. Aber nur für kurze Zeit. Wölfe durchschauen sehr schnell die Harmlosigkeit solcher Installationen und lassen sich davon schon nach kurzer Zeit nicht mehr irritieren.

Der Mangel an Schutzhunden und geeignetem Personal für das Hüten der Tiere, die mit der Beschäftigung von Hunden und Hütern verbundenen Kosten und Auflagen und die Vielzahl der auf den Almen weidenden Nutztiere machen effektiven Herdenschutz im alpinen Bereich also zu einer Herausforderung.

An manchen Orten wird sie angenommen. So zum Beispiel im Salzburger Großarltal, das in der Tourismuswerbung auch das »Tal der Almen« genannt wird. In dieses Tal ist im Jahr 2019 als ungebetener Gast ein Wolf gelangt und hat in vier Wochen 25 Schafe gerissen. Nach dem Wolfsmanagementplan gilt dieses Tier als Problemwolf und könnte – wenn andere Maßnahmen zu keinem befriedigenden Ergebnis führen – entnommen, sprich: erlegt, werden.

Alternativ dazu wurde bereits angedacht, dass die 17 Bauern, die im Großarltal Schafe auf ihre Almen treiben, alle Schafe zu einer großen Herde zusammenfassen. Zwei Schäfer sollen diese betreuen, entsprechende Quartiere für die Schäfer sollen eingerichtet werden. Weiters braucht man mindestens zwei Herdenschutzhunde für die Bewachung der Schafe in den Nächten und zwei Hütehunde, um die Herde zu lenken. Ein Pferch mit mobilem Elektrozaun wird auch erforderlich sein und dazu jede Menge Flexibilität von allen Seiten. Allein die Einigung darauf, wann die Herde wie lang auf welcher Alm weiden soll oder muss, setzt eine erhebliche Bereitschaft zu Kompromissen voraus – eine Kooperation der Bauern, wie sie in den Almregionen niemals zuvor erforderlich war.

Die Beobachtung solcher Projekte wird allein deshalb spannend sein, weil davon die Zukunft der Viehhaltung auf den Almen abhängt. In der ersten Reihe der Beobachter stehen alle Bauern, die ihr Vieh in traditioneller Art, also ungeschützt, auf Almen halten. Denn womit sich die Bauern im Großarltal heute beschäftigen müssen, kann morgen schon im Nachbartal oder auch ein paar Hundert Kilometer entfernt zum großen Thema werden. Herdenschutz ist nicht nur dort notwendig, wo Wölfe nachgewiesen sind. Weil Wölfe wandern.

Ein Herdenschutzhund (Maremmano Abruzzese) mit seiner Schafherde in Rüeggisberg im Kanton Bern, Schweiz.

Ein neuer Jäger kommt hinzu

15 WAS ÄNDERT SICH DURCH DEN WOLF IN DER FORST- UND JAGDWIRTSCHAFT?

Wölfe fressen den Jägern nicht die Beute weg, aber sie machen die Erfüllung der behördlichen Abschusspläne zur Herausforderung.

»Du sollst nicht töten« steht in der Bibel und in ähnlicher Form in vielen anderen Schriften über das tugendhafte und ethisch korrekte Verhalten des Menschen. Es steht das Gebot auch in den meisten Gesetzbüchern.

Großzügige Ausnahmen werden für das Töten von Tieren gemacht. Zum Beispiel durch die Jagd. Dort wird die Berechtigung zum Töten unter anderem aus der Notwendigkeit abgeleitet. In archaischen Gesellschaften aus der Notwendigkeit zum Nahrungserwerb, seit der Etablierung von Ackerbau und Viehzucht zusätzlich auch zum Schutz vor Schäden an forst- und landwirtschaftlichen Kulturen.

Dass in diesem Sinn zu viel Wild in den Kulturlandschaften unterwegs ist, hat mehrere Ursachen. Als eine davon wird das Fehlen der großen Beutegreifer angeführt. Mit der Ausrottung oder rigorosen Dezimierung von Bär, Wolf und Luchs wurde – so das Narrativ der Jagdrechtfertiger – ein natürliches Gleichgewicht gestört, in dem die »Raubtiere« dafür sorgten, dass die Populationen der Pflanzenfresser klein blieben.

Daraus folgend stellt sich die Frage, ob durch eine Vermehrung der großen Beutegreifer – die Wiederansiedlung von Bär, Wolf und Luchs und eine entsprechende Willkommenskultur – ein solches Gleichgewicht wiederherzustellen wäre. Mit der Folge, dass die Jagd entbehrlich werden würde.

Realität wird diese naturromantische Fantasie nicht werden. Das liegt zum einen daran, dass nicht allein der fehlende Druck durch Prädatoren die Zahl der großen Pflanzenfresser steigen lässt; das hat in den landwirtschaftlich genutzten Gebieten viel wesentlicher mit dem hervorragenden Nahrungsangebot für Paarhufer (▸ **Seite 43**) und der damit verbundenen hohen Reproduktionsrate der Pflanzenfresser zu tun.

Die großen Beutegreifer werden den Jägerinnen und Jägern die Arbeit vor allem deshalb nicht abnehmen können, weil die Aufgabe viel zu umfangreich wäre. In Österreich – dem Land mit der größten Paarhuferdichte in Europa – umfasst die jährliche Jagdstrecke rund 380.000 Stück Schalenwild (Durchschnittswert der Jahre 2012 bis 2016). Darin sind Rehe mit knapp 275.000 Stück überwiegend vertreten. Rechnet man die 105.000 Stück anderes Schalenwild auf das Körpergewicht von Rehen um, kommt man bei einer derart vereinheitlichten Schalenwild-Jagdstrecke auf deutlich mehr als 500.000 »Reh-Äquivalente«. Da ein Wolf pro Jahr etwa 130 Rehe bräuchte, um seinen Energiebedarf aus reiner Reh-Ernährung zu decken, müssten rein rechnerisch 3.850 Wölfe in Österreich unterwegs sein, um die Jägerinnen und Jäger arbeitslos zu machen und ein »natürliches Gleichgewicht« wiederherzustellen.

Wie Berechnungen der »Lebensraum-Tragfähigkeit« (▸ **Seite 172**) zeigen, kann es zu einer derart dichten Besiedelung Österreichs durch Wölfe nicht kommen. Dazu sind die unerwünschten Nebenwirkungen einer derartigen Wolfsdichte – von Übergriffen auf Nutztiere bis zu direkten Konfrontationen zwischen Wölfen und Menschen — gar nicht vorstellbar.

Versteht man die Jagd als Notwendigkeit, um den Bestand von Schalenwild auf jenes Maß zu reduzieren, das für die Forst- und Landwirtschaft noch akzeptabel ist, so werden Wölfe dabei keine große Hilfe sein.

Aber Wölfe beeinflussen ihre Beute und damit auch deren Bejagung durch Menschen schon allein durch ihre schiere Anwesenheit. Kommt nun der Wolf, kann sich im Jagdwesen einiges ändern, weil sich im Verhalten der Wildtiere etwas ändert.

Wildtiere passen ihr Verhalten der Präsenz von Beutegreifern so weit an, dass ihr Erhaltungsstand ungefährdet bleibt. Nur wenige – nämlich solche, die eigentlich im falschen Lebensraum unterwegs sind – können das nicht (▸ **Seite 98**). Das meiste Wild wird Plätze meiden, an denen erhöhte Wolfsgefahr herrscht. Diese Abstimmung der Lebensweise auf Bedrohungen durch Fressfeinde ergibt ein System, das Biologen »Landschaft der Furcht« nennen (siehe Marginalspalte).

Fatalerweise sind das im Fall von Rot- und Rehwild auch jene Plätze, an denen die Waldbesitzer und Jäger die Wildtiere haben wollen: die Futterstellen. Fütterung wird betrieben, um Hirsche und Rehe im Winter davon abzuhalten, die Rinde von Bäumen zu fressen und dadurch sogenannte Schälschäden anzurichten. Fütterungen dienen also oft einfach nur zur Lenkung des Wildes und dazu, Wildschäden zu vermeiden. Wenn Wölfe bei den Fütterungen auftauchen, tritt eine völlig unerwünschte Lenkung ein. Rot- und Rehwild wird die Futterstellen meiden, sich tief in die Wälder zurückziehen und Bäume schädigen. Die Schäl- und Verbissschäden werden zunehmen, die Waldbesitzer werden auf eine Erhöhung des Jagddrucks drängen, das Wild wird dem Jagddruck in unzugänglichere Gebiete ausweichen. Das Problem wird durch intensivere Bejagung nicht gelöst, sondern von einem in das nächste Jagdrevier verlagert. Oder dorthin, wo man es schon gar nicht haben will: vom Wirtschaftswald in den Schutzwald.

Schutzwälder haben im alpinen Bereich die Funktion, vor Lawinen, Erdrutschen, Steinschlägen und dergleichen zu schützen und die Erosion exponierter Flächen zu verhindern. Steigt die Wilddichte in diesen Schutzwäldern, muss der Wald vor dem Wild geschützt werden. Die Jagd wird also in Bereiche getragen, die dem Wild zuvor als Ruhezonen gedient haben und in denen das Weidwerk nur unter größten Schwierigkeiten auszuüben ist.

Grundbesitzer, die weniger Wild in ihren Revieren haben wollen, könnten das Auftreten der Wölfe begrüßen. Für die Jägerinnen und Jäger hat es allerdings eine Reihe negativer Konsequenzen: Reißen Wölfe viele Wildtiere, müssen die behördlich verfügten Abschusspläne nach unten korrigiert werden – womit Jägerinnen und Jägern weniger Gelegenheiten zur Ausübung ihrer Passion haben. Zieht sich das Wild aus Furcht vor Wölfen in extreme Geländeformen zurück, wird die Jagd mühsamer. Vermehren sich die Wölfe so weit, dass eine jagdliche Korrektur des Bestands angeordnet wird, müssen Jägerinnen und Jäger auf Wolfsjagd gehen. Manche wird das freuen. Der überwiegende Teil der Jagdgesellschaft wird aber wenig Lust auf die Jagd von Tieren haben, die extrem schwer aufzuspüren und als Jagdbeute unattraktiv sind – Wölfe bringen weder genießbares Fleisch noch Trophäen.

In diesem Zusammenhang darf nicht unerwähnt bleiben, dass auch die Jagd ein Wirtschaftsfaktor ist. Jagd ist also mehr als die Regulierung

Leben in einer Landschaft der Furcht

Ausgehend von den USA erforschen Biologen seit den 1960er-Jahren die Wechselwirkungen zwischen Beutegreifern und Beutetieren intensiv. Potenzielle Beutetiere passen demnach ihr Verhalten in verschiedener Weise an die Präsenz von Fressfeinden an – indem sie diesen aus dem Weg gehen, sich nur zu Tageszeiten aus der Deckung bewegen, in denen die Beutegreifer weniger aktiv sind oder weniger Aussicht auf Jagderfolg haben, indem sich die bedrohten Tiere zu größeren Verbänden zusammenschließen, um sich besser sichern zu können oder wehrhafter zu sein. In Mitteleuropa war der Mensch bisher allein Gestalter dieser Landschaft der Furcht für Schalenwild. Tritt ein neuer Beutegreifer auf den Plan – wie nun der Wolf – verändert sich die Landschaft der Furcht und die Verteilung des Wildes in seinen Lebensräumen wird weniger vorhersagbar. Mancherorts wird Rot- oder Rehwild derart scheu, dass es quasi »unsichtbar« wird.

des Wildbestands. Die Wertschöpfung lag zum Beispiel in Österreich in der jüngeren Vergangenheit beständig über 700 Millionen Euro pro Jahr. Knapp 60.000 Arbeitsplätze werden durch die Jagd in Österreich gesichert. Tendenz steigend. Für Grundeigentümer, aber auch für die Gesellschaft wäre es also von Nachteil, wenn Weidfrauen und -männer nicht mehr für die Möglichkeit der Jagdausübung bezahlen und stattdessen Berufsjäger angestellt werden müssen, die all jene Wildarten bejagen, die für die konfliktarme Koexistenz in unserer Kulturlandschaft bejagt werden müssen.

Bei der Reduktion des Schalenwilds werden die Wölfe den Jägerinnen und Jägern keine große Hilfe sein.

Preisfrage

16

WAS KOSTET DER WOLF?

Wölfe gibt es nicht gratis. Wo Wölfe unterwegs sind, werden Landwirte und die Gesellschaft zur Kasse gebeten.

Die Belastungen resultieren aus einer Reihe von Kostenfaktoren. Allen voran sind das die Aufwendungen für Herdenschutz (▸ Seite 85), Kompensationszahlungen für Schäden (▸ Seite 143), Verwaltung und Monitoring.

Die weitaus größte Position in diesem Rechenwerk stellen die Herdenschutzmaßnahmen dar. Wissenschaftler der Universität für Bodenkultur Wien haben sich damit im Detail befasst und errechnet, welche finanzielle Belastungen Nutztierhaltern aus dem Herdenschutz erwachsen. Dabei wurden Szenarien in der Almwirtschaft betrachtet, weil die Almwirtschaft von der Rückkehr der Wölfe besonders betroffen ist: Auf österreichischen und Schweizer Almen weiden mehr als eine Million Nutztiere weitgehend ungeschützt, der Bau von Herdenschutzzäunen ist im alpinen Bereich deutlich schwieriger als auf dem flachen Land, und nicht zuletzt ist die Almwirtschaft ein finanziell recht unattraktiver Bereich der Landwirtschaft – werden Nutztierhalter hier mit zusätzlichen Kosten konfrontiert, können diese den gesamten Geschäftszweig unrentabel machen. Der Wolf kann hier also über Sein oder Nichtsein entscheiden.

Die Kosten für Herdenschutzmaßnahmen wurden für sechs typische Almen mit unterschiedlichen räumlichen Gegebenheiten und von unterschiedlicher Nutzung berechnet. So zum Beispiel für eine Hochalm in sehr schroffem Gelände, auf der mehr als 700 Schafe gealpt werden. Eine Mittelalm mit zehn Stück Galtvieh (also Jungrinder und

Rinder, die keine Milch geben) und eine Mittelalm in verschiedenen Geländeformen mit Milchkühen, Galtvieh und Schafen.

Unter Annahme der für das jeweilige Almmodell am besten geeigneten Maßnahmen zur Wolfsabwehr wurde errechnet, wie sich die Kosten für die Tierhalter bei ungeschützten und gut geschützten Herden unterscheiden. Demnach resultieren aus dem Herdenschutz pro Jahr Mehrkosten zwischen 1.800 Euro (auf der kleinen Alm mit wenigen Rindern) bis zu 25.200 Euro auf der Hochalm.

Um diese Belastung auf die einzelnen Tiere umzulegen, bedient man sich am besten eines Umrechnungsschlüssels mit der Bezeichnung »Großvieheinheit« (GVE). Diese wird in der Landwirtschaft und Biologie genutzt, wenn beispielsweise der Futterbedarf oder bestimmte Kosten verschiedener Tiere verglichen werden sollen, und steht für ein Tier mit ca. 500 kg Lebendgewicht. Ein Rind repräsentiert also ca. 1 GVE, ein Schaf 0,1, eine Ziege 0,15 und ein Kalb 0,3 GVE.

Im gegenständlichen Rechenmodell ergaben sich aus dem Herdenschutz zusätzliche Kosten von 150 bis 550 Euro pro Jahr und gealpter Großvieheinheit. Im Vergleich mit dem Marktwert von Nutztieren zeigt sich deutlich, dass Herdenschutz eine beträchtliche Belastung für Almbauern darstellt. Zuchtschafe – 0,1 GVE – bringen dem Tierhalter ca. 280 Euro. Ihr Schutz kann auf exponierten Almen aber bis zu 55 Euro pro Jahr kosten. Der durchschnittliche Erlös von Jungrindern liegt bei 880 Euro, ihr Schutz kann pro Jahr zwischen 250 und 550 Euro kosten.

Naturgemäß ist Herdenschutz im alpinen Bereich besonders teuer. Doch auch auf dem flachen Land geht die Abwehr der Wölfe richtig ins Geld. So wurde in Deutschland bereits im Jahr 2016 mehr als eine Million Euro für Herdenschutzmaßnahmen aufgewendet. Tendenz: steigend. Die gute Nachricht für Nutztierhalter in diesem Zusammenhang lautet: Mittlerweile werden 100 % der Anschaffungskosten für Herdenschutzmaßnahmen durch die EU erstattet.

Über diese Präventionskosten hinaus zieht die Anwesenheit von Wölfen – genauer: ihre Übergriffe auf Nutztiere – Kompensationszahlungen nach sich. In Deutschland belasteten diese allein im Jahr 2018 die öffentlichen Kassen mit fast einer Viertel Million Euro, in der Schweiz leistete man im Zeitraum von 1995 bis 2019 1.744.894 Schweizer Franken (rund 1.650.000 Euro) als Ausgleichsszahlungen.

Neben diesen augenfälligen Kostenfaktoren muss für Wölfe auch noch aus anderen Gründen Geld in die (öffentliche) Hand genommen werden, unter anderem für den Aufbau und Betrieb eines Wolfsmonitorings, Beratungen, Rissanalysen und für die Finanzierung wissenschaftlicher Arbeiten, die das Verständnis des Wolfs und seines Verhaltens sowie die Auswirkungen von Wölfen auf Natur und Gesellschaft vertiefen.

In Frankreich hat man eine Rechnung angestellt, in der die meisten dieser Faktoren berücksichtigt wurden. Man kam auf eine Zahl, die vor allem Wolfsgegnern als Bestätigung ihrer Haltung dienen kann. Demnach belaufen sich die Kosten auf 80.000 Euro. Pro Wolf, pro Jahr.

Im Einzelfall geht es noch viel teurer. Aus Deutschland ist der Fall der »Ohrdrufer Wölfin« bekannt. Diese hatte Risse an Weidetieren verursacht, Schutzzäune überwunden und zwei Jahre in Folge Mischlingswelpen aufgezogen. Schon allein ihre Übergriffe auf geschützte Schafe machten die Wölfin problematisch, die Wolf-Hund-Hybride wollte man aber schon gar nicht haben. Dem entsprechend aufwendig wurden die Wölfin und ihr Nachwuchs in den letzten Jahren behandelt. Eine Berechnung des Deutschen Jägermagazins ergab, dass sich die Kosten für Fallenmieten, die Unterbringung der Mischlinge in einem Bärenpark und die mit dem Fall Ohrdrufer Wölfin verbundenen Personalkosten auf 168.333 Euro summierten. Ende 2019 hat das Thüringer Landesamt für Umwelt, Bergbau und Naturschutz die »letale Entnahme«, also den Abschuss der Wölfin angeordnet. Was weitere Kosten nach sich ziehen wird. Die »Entnahme« muss durch Experten für Wolfsjagd erfolgen, da ausdrücklich nur die Wölfin und keinesfalls der ebenfalls am Truppenübungsplatz Ohrdruf heimische männliche Wolf erlegt werden soll. Wolfsjäger gibt es in Deutschland (noch) nicht.

Wenn der Wolf zuschlägt, wird die öffentliche Hand zur Kasse gebeten.

Ausgleichszahlungen in Deutschland

Von null auf eine Viertelmillion

Quelle: DBBW Dokumentations- und Beratungsstelle des Bundes zum Thema Wolf

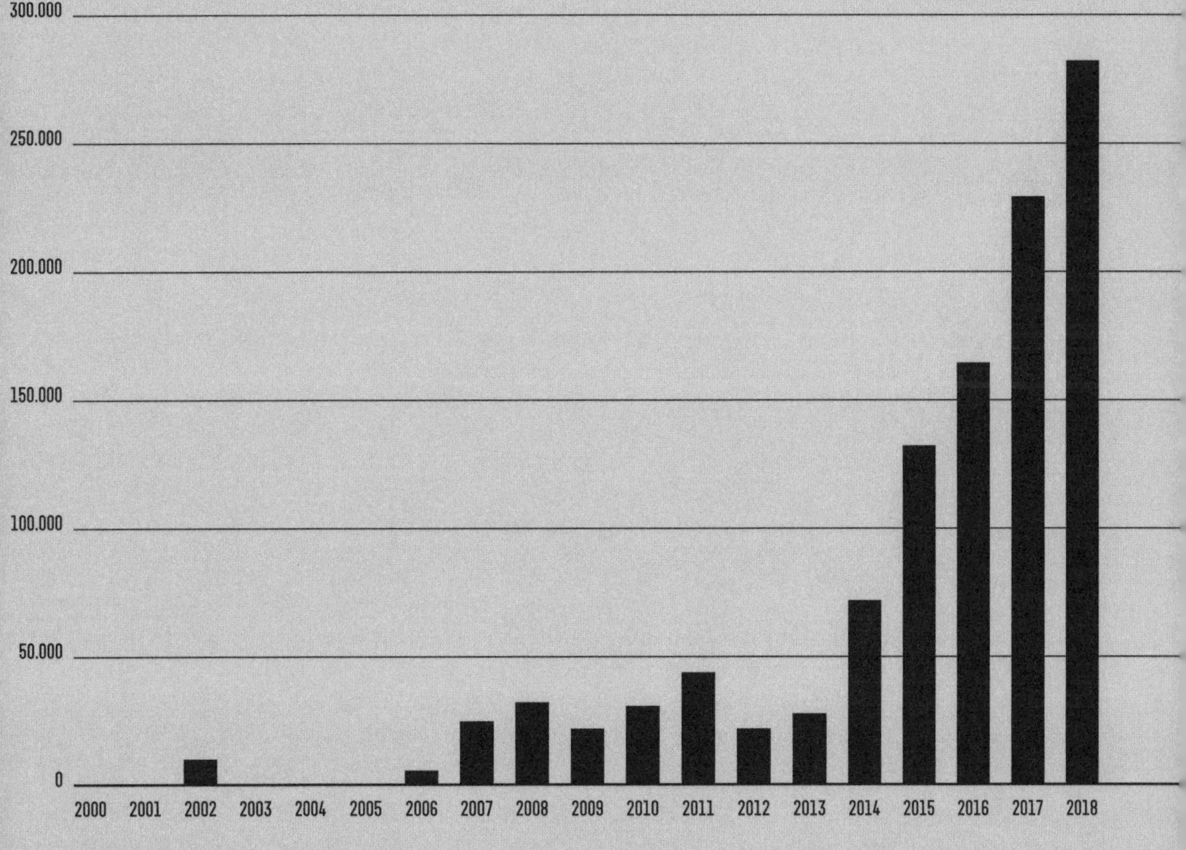

17

WAS PASSIERT, WENN DIE ALMWIRTSCHAFT AUFGEGEBEN WIRD?

Konsequenzen sind in drei Bereichen zu erwarten: im wirtschaftlichen, ökologischen und soziokulturellen.

Am deutlichsten und schnellsten wird sich die Einstellung der Almwirtschaft beim Lebensmittelangebot bemerkbar machen. Gerade in Österreich und der Schweiz, wo Lebensmittel aus biologischer Landwirtschaft eine hohe Akzeptanz haben, wäre der Wegfall von Almprodukten spürbar. Von den 269.000 gealpten Großvieheinheiten (▸ Seite 101) in Österreich werden immerhin 83.500 nach Bio-Richtlinien gehalten (Zahlen aus dem Jahr 2016). Das sind über 30 %. Verschwinden diese Tiere von den Almen, gibt es einfach weniger Bio-Milchprodukte und Bio-Fleisch.

Im Gegensatz dazu sind die ökologischen Veränderungen ein langsamer Prozess. Werden Almen nicht mehr bewirtschaftet, schließen sich die ehemals freien Flächen und werden bis zur Baumgrenze wieder zu Wald. Das klingt wenig dramatisch, ist doch Wald der ursprüngliche Lebensraum unterhalb der natürlichen Baumgrenze. Was bei der Umwandlung von Almflächen in Hochwald allerdings verloren geht, ist Biodiversität.

Auf beweideten und regelmäßig gemähten Flächen existiert eine spezielle Fauna und Flora, die es in Wäldern nicht gibt. Wie beträchtlich darin der Artenreichtum sein kann, zeigt das Ergebnis einer 2014 in den Berchtesgadener Alpen durchgeführten Forschungsarbeit, bei der auf einer Alm mehr als 170 Pflanzenarten festgestellt wurden. Diese Vielfalt an Kräutern, Gräsern und Blumen wirkt anziehend auf Insekten, die wieder Vögeln als Nahrung dienen.

Unter den höheren Tieren sind vor allem Bodenbrüter wie die selten gewordenen Raufußhühner auf offene Flächen angewiesen. Für Wildtiere wie Rothirsch und Gams stellen bewirtschaftete Almen wertvolle Äsungsflächen dar. Ohne Bewirtschaftung kommt es zu Verwaldung der Almen. Die Artenvielfalt kann dabei kurzfristig ansteigen, das Resultat des Wandels ist allerdings ein Verlust an Biodiversität.

Dieser Verlust betrifft nicht nur einzelne Pflanzen- und Tierarten, es gehen auch geschützte Lebensraumtypen verloren. Die Fauna-Flora-Habitat-Richtlinie der EU (▸ **Seite 36**) nennt mehr als ein halbes Dutzend solcher Lebensräume, die durch Almwirtschaft entstehen oder von dieser gefördert werden. Auch wenn die wissenschaftlichen Bezeichnungen dieser Lebensräume den meisten Besuchern der Almregionen wenig sagen werden, machen sie doch das Wandern durch die Bergwelt besonders attraktiv – womit wir beim soziokulturellen Aspekt der Almwirtschaft sind.

Almen dienen vielen Menschen als Erholungsraum und sind damit ein Faktor in der Tourismuswirtschaft (▸ **Seite 74**). Wie Wissenschaftler der Universität für Bodenkultur Wien herausgefunden haben, würde die Verwaldung von Almen zwar keinen dramatischen Rückgang des Bergtourismus nach sich ziehen (▸ **Seite 74**), das spezielle Besuchersegment älterer Wanderer würde jedoch durchaus sensibel auf den Wegfall des freien Blicks über die Almwiesen reagieren. Wirtschaftliche Verluste der Beherberger in Regionen mit verschwindender Almwirtschaft sind also vorgezeichnet.

Und weitere Verluste wären durch die Einstellung der Almwirtschaft zu beklagen. Allen voran der Verlust von Kultur- und Futterflächen, aber auch der Verlust an Schutzfunktionen. Die regelmäßige Beweidung oder Mahd der Almwiesen verbessert die Fähigkeit des Bodens, Wasser zu speichern. Damit wird die Gefahr von Muren und Erosion des Bodens bis hin zum großflächigen Abrutschen von steilen Wiesenflächen vermindert. Bei starken Niederschlägen absorbieren extensiv bewirtschaftete Almflächen viel Wasser, was das Ausmaß von Hochwasser und Überschwemmungen in den Tälern verringert.

Dabei ist das Szenario von alpinen Landschaften ohne Almen durchaus realistisch. Schon jetzt muss die Almwirtschaft massiv gefördert werden, damit sie halbwegs rentabel betrieben werden kann. Das Auftreten der Wölfe stellt diese Rentabilität noch mehr infrage und könnte eine Kettenreaktion auslösen: Kommt der Wolf, geht der Bauer, wächst der Wald.

Almwirtschaft in Bedrängnis

Im Vergleich aller Alpenländer hat die Almwirtschaft in Österreich die größte Bedeutung. Und Zahlen aus Österreich zeigen, dass es mit den Almen bergab geht. Auch ohne Wolf.

Almfutterfläche in ha in Österreich

(in Tausend)

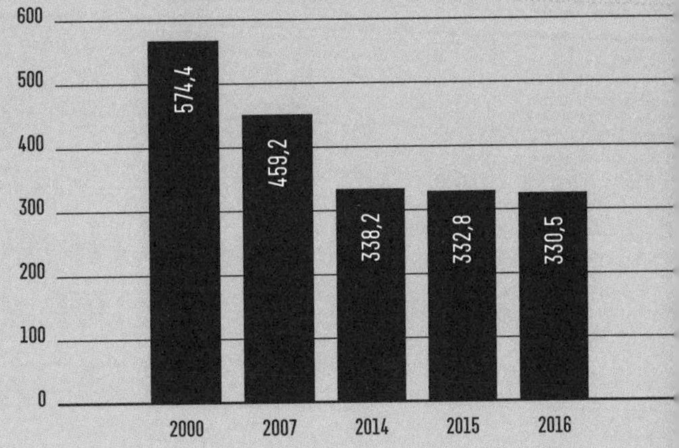

Anzahl der Almen in Österreich

(in Tausend)

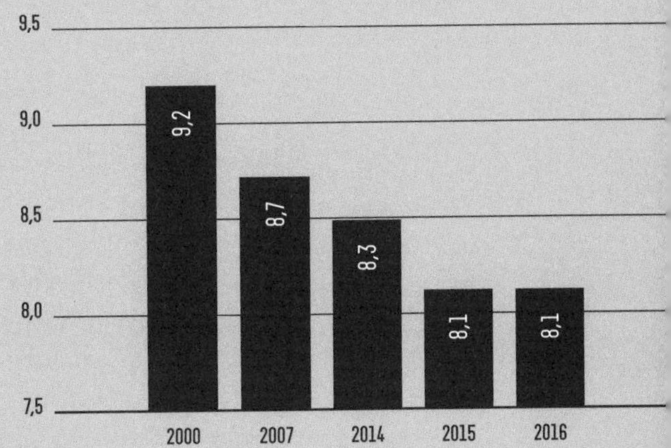

GVE auf Almen in Österreich

(in Tausend)

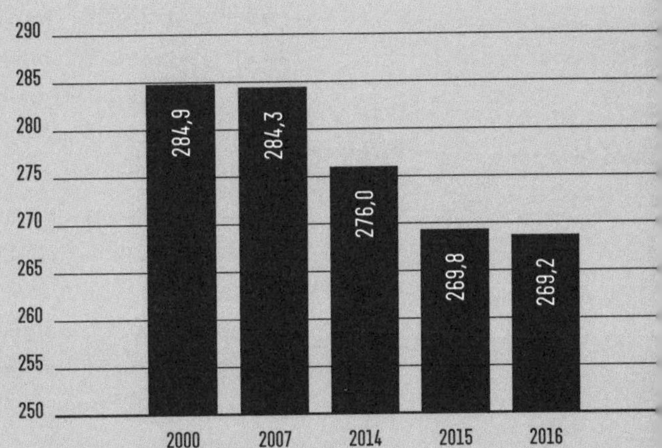

Quelle: BMLFUW, AMA, INVEKOS-Daten, Stand Juli 2016; AMA-Auswertung L013a.

18 FÜHRT DER WOLF ZUM AUSSTERBEN VON WILDTIERARTEN?

Nur ausnahmsweise. Die Befürchtung, Wölfe könnten Wildtiere ausrotten und die Wälder leer fressen, ist weitgehend unbegründet.

Wildtiere passen ihr Verhalten der Gefahr durch Fressfeinde an (▸ Seite 97). Nur wenige Arten können das im Verbreitungsgebiet der Wölfe nicht. Nämlich solche, die in einem für sie suboptimalen Lebensraum existieren. Beispielsweise Gamswild und Muffelwild in einem Territorium mit geringem Felsanteil.

Derartige Situationen entstehen nicht natürlich. Sie sind die Folge von gezielten Ansiedlungen. So hat man in zahlreichen Regionen Europas seit der Zeit des Barock Muffelwild – wie der Mufflon in der Jagdsprache genannt wird – aus Sardinien und Korsika ausgesetzt, um diese Tiere nach ausreichend angewachsener Populationsgröße bejagen zu können. So lange es in diesen Gebieten keine Beutegreifer wie Wölfe oder Luchse gab, funktionierte diese Anreicherung von Revieren mit fremden Wildtieren problemlos. Mit der Rückkehr der Wölfe zeigen sich die Schwächen des Konzepts.

Zuletzt sehr deutlich im Norden und Osten Deutschlands. Dort existierten beispielsweise in der Lausitz und dem Staatsforst Göhrde respektable Muffelwildbestände. Das natürliche Verbreitungsgebiet des Muffelwilds sind Gebirgslandschaften mit trockenen, steinigen Böden und klippigem Gelände. Bei Gefahr steigen die Wildschafe in die Felsen und entziehen sich damit den Beutegreifern. Die Lausitz präsentiert sich allerdings als Flachland und moderate Hügellandschaft, in der Göhrde fehlen nennenswerte Erhebungen völlig. Während die Bestände an Rehwild, Schwarzwild und Rotwild von der Zuwanderung der Wölfe in Deutschland gering betroffen waren, erledigten die Wölfe das Muffelwild in kürzester Zeit. In der Göhrde, wo seit Beginn des 20. Jahrhunderts ein reinrassiger Bestand der Wildschafe mit bis zu 300 Individuen heimisch war, sorgten die zuwandernden Wölfe innerhalb von nur drei Jahren für ein komplettes Erlöschen der Population.

Gleiches geschah am Truppenübungsplatz Allentsteig, wo sich 2015 das erste Wolfsrudel in Österreich etablierte. Der Wildexperte der österreichischen Heeresforste, Christian Kubitschka, hat 2017 eine Übersicht gegeben, wie sich die Ansiedlung der Wölfe auf die am Truppenübungsplatz heimischen Wildtiere auswirkte.

Während bei Rehwild keine signifikante Veränderung des Bestandes und Verhaltens auftrat und bei Rotwild und Schwarzwild mäßige Rückgänge der Bestände sowie Beunruhigungen an den Futterstellen verzeichnet wurden, vernichteten die Wölfe den Muffelwildbestand innerhalb von zwei Jahren fast völlig. Der Verlust ist dramatisch. Während bis 2014 am Gelände des 157 km² großen Übungsplatzes jährlich rund 200 Mufflons erlegt werden konnten, waren es 2015 nur noch 100 und 2016 weniger als 20. Nun ist an eine Bejagung nicht mehr zu denken. Der Bestand wurde von den Wölfen praktisch auf null reduziert.

Neben dem Verlust an jagdbarem Wild haben die Betreiber des Übungsplatzes einen zweiten negativen Effekt durch die Wölfe zu beklagen. Mit den Mufflons fehlt in Allentsteig auch jene Wildart, die durch ihr Äsungsverhalten die Brachflächen des Geländes offen hielten. Nun braucht man andere Ideen, um den Truppenübungsplatz im gewünschten Zustand zu erhalten. Zum Beispiel andere große Grasfresser, die aber im Gegensatz zu Mufflons mit Wölfen umgehen können.

Mit Rot- und Rehwild wären diese schon vorhanden, nur wurden die Bestände dieser Arten am Truppenübungsplatz Allentsteig in den letzten Jahrzehnten durch Bejagung bewusst klein gehalten. Mit den Wölfen als neuen Jägern im Revier wird man möglicherweise umdenken müssen.

Dass die Wölfe auch Wildtiere ausrotten, die sich auf die Beutegreifer einstellen bzw. sich diesen durch Flucht oder besondere Achtsamkeit entziehen können, ist so gut wie ausgeschlossen. Die potenziellen Beutetiere passen ihr Verhalten der Bedrohung durch Wölfe, Bären, Luchse oder auch Schakale so gut an, dass ihr Bestand erhalten bleibt. Am Truppenübungsplatz Allentsteig beobachtet man zum Beispiel, dass das Rotwild an den Rand des Übungsplatzes ausweicht oder

Wer dem Wolf zum Opfer fällt

Die Statistik aus Österreich zeigt, dass sich Wölfe hier fast ausschließlich von Schalenwild ernähren. Überproportional stark vertreten ist darin Muffelwild, das am Truppenübungsplatz Allentsteig von dem dort heimischen Wolfsrudel praktisch ausgerottet wurde.

Zahlen aus dem Jahr 2012–2016
Quelle: Rauer, Georg: Der Wolf kehrt zurück nach Österreich. HBLFA Raumberg, 2017.

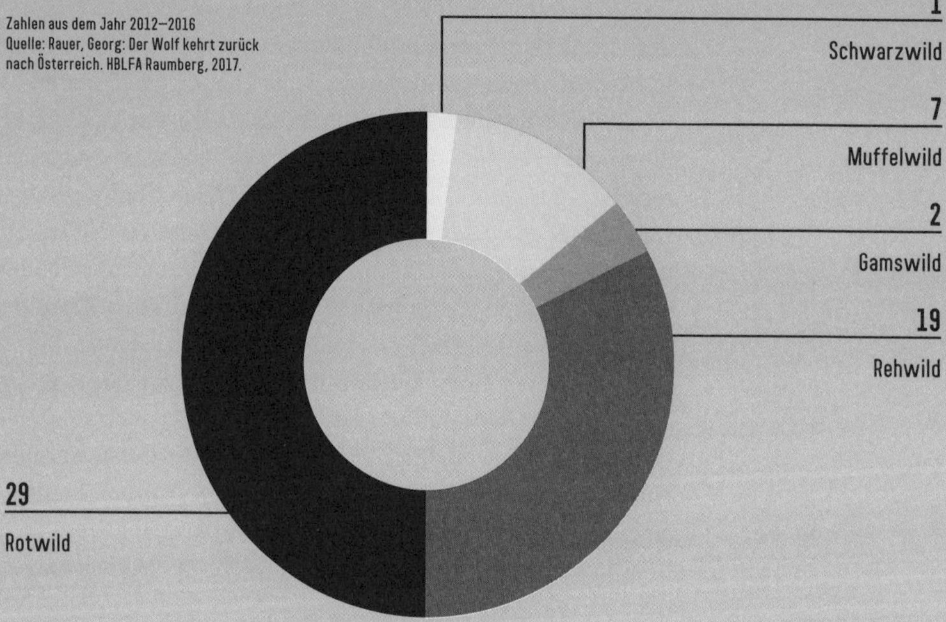

Ad Abschusspläne

Diese werden von den Behörden bezirksweise festgelegt, um den Wildbestand in einem, im Abgleich verschiedener Interessen wünschenswerten Maß zu halten. Man unterscheidet Höchstabschuss (z.B. bei Raufußhühnern) und Mindestabschuss (z.B. weibliches Schalenwild).

aus diesem in weniger ruhige Gebiete abwandert. Schwarzwild schließt sich zu größeren Rotten mit 20 oder mehr Tieren zusammen.

Wölfe können also Einfluss auf die Verteilung und Dichte solcher Wildtiere ausüben (▸ s. **Landschaft der Furcht Seite 98**), sie werden die Populationen aber nicht vernichten. Eine Berechnung für Österreich macht deutlich, dass Wölfe ihre bevorzugten Beutetiere nicht ausrotten können. Nimmt man für Österreich eine fiktive Population von 500 Wölfen an (Stand Frühjahr 2020 werden etwa 35 Wölfe auf österreichischem Gebiet vermutet), und nimmt man weiter an, dass sich diese Wölfe ausschließlich von Rotwild ernährten, reduzierten sie den Frühjahrsbestand dieser Schalenwildart um etwa 8 %. Da Rotwild eine Zuwachsrate von etwa 20 % hat, würde eine solche, in der Praxis völlig undenkbare Aktivität der Wölfe die Existenz des Rotwilds in Österreich nicht annähernd gefährden. Allenfalls müssten die Behörden bei einem massiven Anwachsen der Wolfspopulation die Abschusspläne nach unten korrigieren – berücksichtigend, dass es neben den menschlichen Jägerinnen und Jägern nun auch solche im grauen Pelz gibt.

»Mit der Etablierung des Wolfsrudels haben sich die Zusammensetzung und die Dichte unserer Schalenwildarten stark verändert!«

Christian Kubitschka, Leiter der Abteilung Nachhaltigkeit und Raumnutzung, Truppenübungsplatz Allentsteig, Niederösterreich

19

WIE BEEINFLUSST DAS AUFTRETEN VON WÖLFEN DAS VERHALTEN ANDERER WILDTIERE?

Komplexer, als man denkt. Die Reaktionen auf eine veränderte Gefahrenlage sind aber stets angemessen und für die Erhaltung der Art in einem Lebensraum geeignet.

Verschiedene Szenarien wurden wissenschaftlich beobachtet und beschrieben. Aktuell wird am Truppenübungsplatz Allentsteig im österreichischen Waldviertel von der Veterinärmedizinischen Universität Wien ein Projekt mit besenderten Wölfen betrieben, um die Interaktionen zwischen Rotwild und Wölfen zu erforschen. Während man für Rehwild noch keine aussagekräftigen Resultate vorliegen hat, kann man für Schwarz- und Rotwild schon erste Beobachtungen zusammenfassen. Demnach zieht sich Rotwild an die Ränder des Truppenübungsplatzes zurück und meidet das Kernstreifgebiet der Wölfe. Schwarzwild ist nach dem Auftreten der Wölfe zwar in seinen gewohnten Lebensräumen geblieben, aber deutlich unruhiger und vorsichtiger geworden – was die ohnehin aufwendige Bejagung dieser Art zusätzlich erschwert.

Auch in zahlreichen anderen Arbeiten wurde festgestellt, dass potenzielle Beutetiere beim Auftreten neuer Fressfeinde eine erhöhte Wachsamkeit und Stress entwickeln. Beides wirkt sich auch negativ aus. Erhöhte Wachsamkeit bedeutet weniger Zeit für die Nahrungsaufnahme. Rehwild beispielsweise benötigt pro Tag acht bis elf Äsungsperioden, um seinen Energiebedarf zu decken. Wenn da viel Zeit für das

Sichern wegfällt, kann es leicht zu Mangelernährung kommen. Auch andere Auswirkungen von Stressreaktionen sind bekannt. Bei einem sehr umfangreichen Projekt im Rahmen der Wiederansiedlung von Wölfen im US-amerikanischen Yellowstone Nationalpark hat man dazu einige Erkenntnisse sammeln können. So wurde beim weiblichen Wapiti (dem amerikanischen Verwandten unserer Rothirsche) ein im Vergleich zu einem weitgehend stressfreien Zustand verringerter Wert des Sexualhormons Progesteron festgestellt, was im Folgejahr zu einer geringeren Geburtenrate in der Wapitipopulation geführt hat. Die unter Druck stehenden Tiere entwickeln mitunter auch ein übergroßes Hungergefühl, wodurch sie noch mehr Zeit für die Nahrungsaufnahme aufwenden müssen. Dazu können sie auch anfälliger für Infektionskrankheiten werden.

Eine Verhaltensänderung mit ziemlich weit reichenden Folgen liegt in der Abwanderung der potenziellen Beutetiere in einen für sie ungünstigeren Lebensraum. Indem sie zum Beispiel offene Graslandschaften meiden und in die Wälder gehen. In Wäldern droht zwar weniger Gefahr durch Wölfe, große Grasfresser wie Wapitis, Elche oder andere Wiederkäuer finden dort aber nur geringwertige Nahrung. Sie können weniger Fettreserven aufbauen und kommen schwerer durch den Winter. Als Folge kann ihre Geburtenrate sinken, weil sich schwache Tiere weniger erfolgreich fortpflanzen als solche in guter Kondition. Der Bestand gerät also nicht nur durch die Tatsache unter Druck, dass die Wölfe eine gewisse Zahl an Beutetieren töten, sondern auch indirekt, in dem die Vermehrungsrate sinkt.

Wenn das jagdbare Schalenwild in den Wald geht, ist das auch für Menschen ungünstig. Das Wild frisst im Wald Triebe der Bäume und Rinde. Bäume sterben ab, verkümmern oder wachsen unregelmäßig, wodurch die Forstwirtschaft Einbußen erleidet.

Die Beobachtungen im Zuge der Wiederansiedlung von Wölfen im Yellowstone Nationalpark haben auch andere als die erwarteten Resultate erbracht. So konnte man bis dahin annehmen, dass Wapitis potenzielle Wolfsareale tunlichst meiden und ihre Äsungsgebiete verlegen. Was allerdings nicht ausnahmslos der Fall war. Die im Yellowstone-Nationalpark häufigen Wapitis verlagerten nicht grundsätzlich ihren Lebensraum, sondern änderten ihr Zeitmanagement. Wo sie Wölfe fürchten mussten, suchten sie ihre angestammten Weideflächen bevorzugt in jenen Nachtstunden auf, in denen die Wölfe ihre Ruhephasen hatten. Nur bei besonders hoher Wolfsaktivität zogen sie sich in die Wälder zurück, um dort Pappeln und Weiden zu verzehren.

Yellowstone – die Wölfe und ihre Folgen

Im Yellowstone-Nationalpark wurde über Jahrzehnte versucht, eine idyllische Natur zu schaffen, indem man Bären und Wölfe mit jagdlichen Methoden aus dem Gebiet entfernte. Das Idyll trat ein, indem fortan Schalenwild, allen voran Wapitis, in großer Zahl unbeeinträchtigt den Nationalpark durchstreifte. Und fast ruinierte. 1961 waren die Schäden an der Flora so groß, dass sich die Verwaltung zur Reduktion des Wapitibestandes genötigt fühlte und 4.000 dieser Hirsche – die Hälfte des Gesamtbestandes – abschießen ließ. Mit der Folge von gewaltigen Bürgerprotesten, aber ohne nennenswerte Verbesserung für das Pflanzenwachstum im Park. Zum Zweck der natürlichen Eindämmung der Wapiti-Plage wurde zwischen 1995 und 1997 ein Wiederansiedlungsprojekt von Wölfen durchgeführt, indem man 41 dieser grauen Jäger aus Kanada in den Nationalpark schaffte. Mit günstigeren Folgen als erhofft. Waren bis zur Mitte der 1990er-Jahre im Yellowstone Nationalpark zwischen 17.000 und 19.000 Wapitis unterwegs, so gibt es dort heute nur noch etwa 7.000 dieser Hirsche.

Viel besser regulierend als die menschliche Jagdgesellschaft haben auf den Wapiti-Bestand die Wölfe eingewirkt. Heute durchstreifen den Yellowstone-Nationalpark etwa 100 Wölfe in zehn Rudeln. Der Pflanzenwelt geht es wieder gut. Andererseits mahnt dieses Beispiel auch zu Vorsicht. Schließlich stellten sich im Yellowstone-Nationalpark noch andere Faktoren ein, die die Wapitis und das Pflanzenwachstum beeinflussten: Trockenheit und Feuer. Die Grenzen zwischen Zufall und Wirkungsmechanismus zerfließen hier deutlich. Einfache Antworten auf komplexe Fragen in unseren Ökosystemen führen schnell auf den Holzweg.

Auch andere wissenschaftliche Arbeiten liefern die Erkenntnis, dass Schalenwild wie Rehwild, Rotwild, Elch und Schwarzwild sehr differenziert auf das Auftreten von Wölfen reagiert. Die Verhaltensänderungen können dabei sehr komplex sein und vom Einstandswechsel bis zur Bildung größerer Rudel, von der Änderung der Raumnutzung bis zur zeitlichen Verhaltensänderung, von der Anpassung des Sozialverhaltens bis zur Änderung der Aktivitätsmuster reichen. Und die Reaktionen sind offenbar auch von Wildtierart zu Wildtierart verschieden. In spanischen Heidelandschaften wurde beispielsweise beobachtet, dass sich Rehwild nach dem Auftreten von Wölfen zu größeren Rudeln zusammenschloss, Rotwild ein solches Verhalten aber nicht zeigte.

Ganz offenbar verfügen potenzielle Opfer großer Beutegreifer über ein angeborenes Repertoire an Verhaltensweisen, das ihnen gestattet, neben Wolf, Bär, Luchs und der ganzen Familie gefährlicher Großkatzen zu bestehen. Womit sie augenscheinlich schlechter umgehen können, ist der Mensch. Eine Studie in sechs Gebieten Polens brachte das ziemlich eindeutig hervor. Dabei wurde festgestellt, dass Rotwild und Rehwild in Wolfsgebieten eindeutig weniger Stress entwickelt hat als in Lebensräumen, die durch Verkehrswege und Siedlungen stark von Menschen geprägt sind und in denen es nicht von Wölfen, sondern von Menschen gejagt wird.

20 WARUM SIND WÖLFE SO TÜCHTIGE JÄGER?

Weil sie die Natur dafür hervorragend ausgestattet hat und weil sie tüchtig jagen müssen, um zu überleben.

Je nach Unterart und Lebensraum brauchen Wölfe für ihre Ernährung zwei bis fünf Kilogramm Fleisch täglich. Sie müssen also ordentlich Beute machen, um ihren Energiebedarf zu decken. Dass ihnen das gelingt, hat mehrere Gründe:

- Wölfe verfügen über sehr gute Sinnesorgane;
- Wölfe sind schnell und ausdauernd;
- und Wölfe jagen häufig im Kollektiv.

Aber nicht allein die Wölfe sind mit scharfen Sinnen in der freien Wildbahn unterwegs. Auch ihre bevorzugten Beutetiere – in den meisten Regionen sind das Paarhufer – hören, riechen und sehen ausgezeichnet. Um hochflüchtiges Wild wie Rehe, Elche oder Rothirsche stellen zu können, müssen Wölfe ihre potenziellen Beutetiere also frühzeitig lokalisieren. Dazu dient ihnen vor allem der Geruchssinn.

Ein Vergleich mit dem Menschen macht deutlich, über welches Präzisionsinstrument Hunde und Wölfe in ihren Schnauzen verfügen. Bei Wölfen hat das Riechepithel (also die Schleimhaut, in der sich die Riechsinneszellen befinden) eine Fläche von etwa 130 cm^2. In menschlichen Nasen sind vergleichsweise bescheidene 5 cm^2 Riechepithel angelegt. Entsprechend größer ist die Zahl der Sinneszellen, mit denen Wölfe Gerüche wahrnehmen können. Sie haben davon rund 250 Millionen, Menschen nur 10 bis 30 Millionen. Mit zunehmender Zahl an Sinneszellen steigt die Leistungsfähigkeit des Geruchsorgans nicht linear, sondern exponentiell. Wölfe riechen nicht etwa nur zehnmal so gut wie Menschen, weil sie über zehnmal so viele Geruchszellen verfügen. Ihr Geruchsorgan ist dem des Menschen hundert- bis tausendfach überlegen. Untersuchungen haben gezeigt, dass Wölfe die olfaktorischen Zeichen anderer Wildtiere (und Artgenossen) über Distanzen von zwei bis drei Kilometer, bei günstigen klimatischen Bedingungen auch über deutlich größere Entfernungen wahrnehmen können.

Was die »Hundeartigen« in Bezug auf feines Riechen zustande bringen, zeigt auch die vielfältige Spezialisierung von Gebrauchshunden. Solche bewähren sich nicht nur als Suchhunde bei Katastrophen, als Drogenschnüffler oder Sprengstoffdetektoren – die Ausbildung von »detection dogs« kann in noch entlegenere Bereiche führen. Aktuell läuft beispielsweise in Österreich ein Projekt zur Erforschung von Verbreitung und Verhalten der Goldschakale, bei dem für die Suche nach Goldschakal-Losungen Hunde und vor allem deren feine Nasen eingesetzt werden.

Zur Leistungsfähigkeit ihres Geruchssinnes kommt bei Wölfen ein hervorragendes Gehör. Sie nehmen Töne bis zu einer Frequenz von 42.000 Hz wahr. Bei Menschen reicht die Bandbreite hörbarer Luftschwingungen bis maximal 20.000 Hz. Wölfe hören also auch Geräusche im Ultraschallbereich, beispielsweise Laute, mit denen Mäuse, Ratten und andere Nagetiere kommunizieren.

Woher die Töne kommen, können Wölfe dank ihrer in fast alle Richtungen drehbaren Ohrmuscheln präzise bestimmen. In ihrer unmittelbaren Umgebung bleibt ihnen kein noch so leises Rascheln und Knacken verborgen, das andere Tiere bei der Bewegung durchs Revier verursachen. Das Heulen von Artgenossen hören Wölfe bis zu zehn Kilometer weit.

Erstaunliches ist auch über den Gesichtssinn der Wölfe zu berichten. Die Auffälligkeiten beginnen mit dem Blickwinkel, der bei Wölfen über 250 Grad reicht. Wölfe sehen also auch Dinge, die sich seitlich und sogar leicht hinter ihnen befinden. Der Mensch kann maximal 180 Grad überblicken.

Ausnahmsweise unterlegen sind Wölfe den Menschen in der Disziplin des Distanzsehens. Weit entfernte Objekte können sie schwer ausmachen, so lange sich diese nicht bewegen. Das still stehende Beutetier bleibt Wölfen in der Regel verborgen, falls sie nicht durch die Witterung oder Geräusche darauf aufmerksam werden. Dafür können sie sehr gut auf bewegliche Ziele fokussieren, was bei der Jagd wesentlich wichtiger ist als die Beobachtung still verharrender Objekte.

Die meisten Beutetiere der Wölfe sind dämmerungs- oder nachtaktiv, was sie aber vor der Nachstellung durch Wölfe nicht hinreichend schützt. Wie Katzen verfügen hundeartige Tiere über sehr zahlreiche Rezeptoren auf der Netzhaut, die auch auf geringe Lichtintensität reagieren. Zudem verstärkt das sogenannte *Tapetum lucidum*, eine reflektierende Schicht hinter den Sehzellen, das in die Augen dringende Licht.

So ausgestattet sind Wölfe eine permanente Gefahr für alle Tiere, die in ihr Beuteschema passen. Üblicherweise nähern sie sich diesen so weit wie möglich unbemerkt, um sie dann in einem schnell vorgetragenen Angriff zu überwältigen. Über längere Zeiträume vorgetragene Hetzjagden sind eine seltene Ausnahme der Regel. Beobachtungen haben gezeigt, dass Wölfe ihre Beutetiere nur über kurze Strecken verfolgen. Schlägt ein erster Angriff fehl, lassen sie häufig von ihrer Beute ab. Effizienz vor Effektivität!

Dabei sind Wölfe in ihren Jagdmethoden flexibel. Sie passen diese Methoden den Fähigkeiten der in ihrem Lebensraum vorhandenen Beutetiere an. Elche und Rentiere beispielsweise sind von der Evolution auf lange Fluchtwege getrimmt. Bei der Jagd auf dieses große Wild müssen Wölfe also Ausdauer zeigen und die Beutetiere so lang verfolgen, bis deren Muskeln übersäuern und sie sich den hetzenden Angreifern stellen müssen.

Physiologisch stellen Langstreckenverfolgungen für Wölfe kein Problem dar. Sie haben ein im Vergleich zu ihrer Körpergröße sehr großes Herz und damit eine exzellente Sauerstoffversorgung ihrer Muskeln.

Jagden auf große wehrhafte Tiere wie Hirsche, Elche, Moschusochsen und Bisons verlaufen für Wölfe meist nur erfolgreich, wenn sie im Rudel auftreten. Dabei können sie sich erstaunlich kooperativ verhalten, indem zum Beispiel ein Teil des Rudels das Beutetier in den Hinterhalt anderer Wölfe jagt. Haben es Wölfe mit besonders ausdauernden großen Tieren zu tun, versuchen sie häufig, diese in ein für die Flucht ungünstiges Gelände zu treiben, beispielsweise in tiefen Schnee oder auf Eisflächen.

Derart spektakuläre Treibjagden betreiben Wölfe allerdings nur in Regionen, in denen sie auf das Schlagen großer Beutetiere angewiesen sind, etwa in Skandinavien oder den höheren Breiten Nordamerikas. In Europa, wo mit Rehen, Hirschen und Wildschweinen Beutetiere in passenderer Größe vorhanden sind, jagen ausgewachsene Wölfe sehr überwiegend als Einzelgänger. Eine spezielle Jagdausbildung geben

Wölfe und ihre bevorzugten Beutetiere

Statistik aus der Lausitz, erstellt durch die Untersuchung von 2.000 Kotproben im Zeitraum zwischen 2001–2009

Was fressen Wölfe

in Prozent

Quelle für Was fressen Wölfe: Senckenberg Museum für Naturkunde, Görlitz

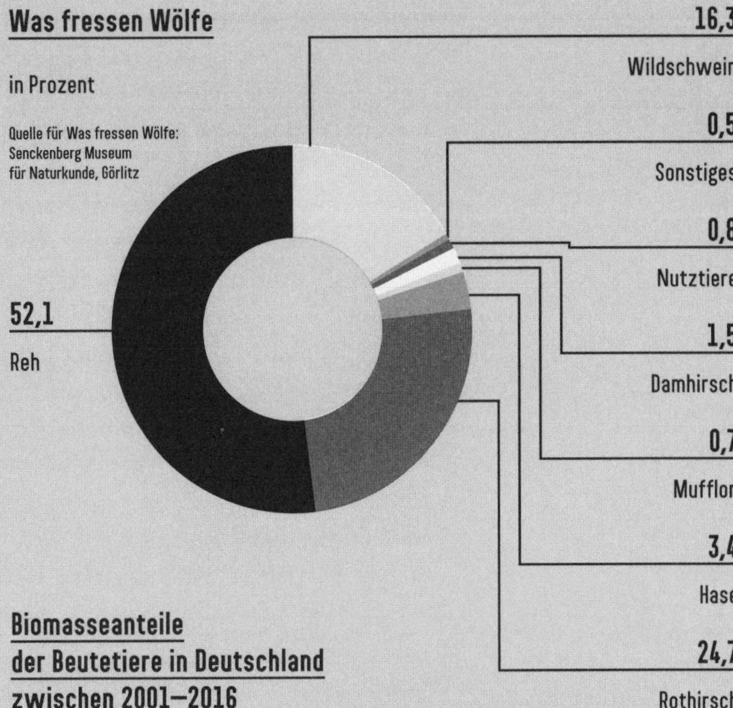

Biomasseanteile der Beutetiere in Deutschland zwischen 2001–2016

in Prozent

Quelle: DBBW, 2017

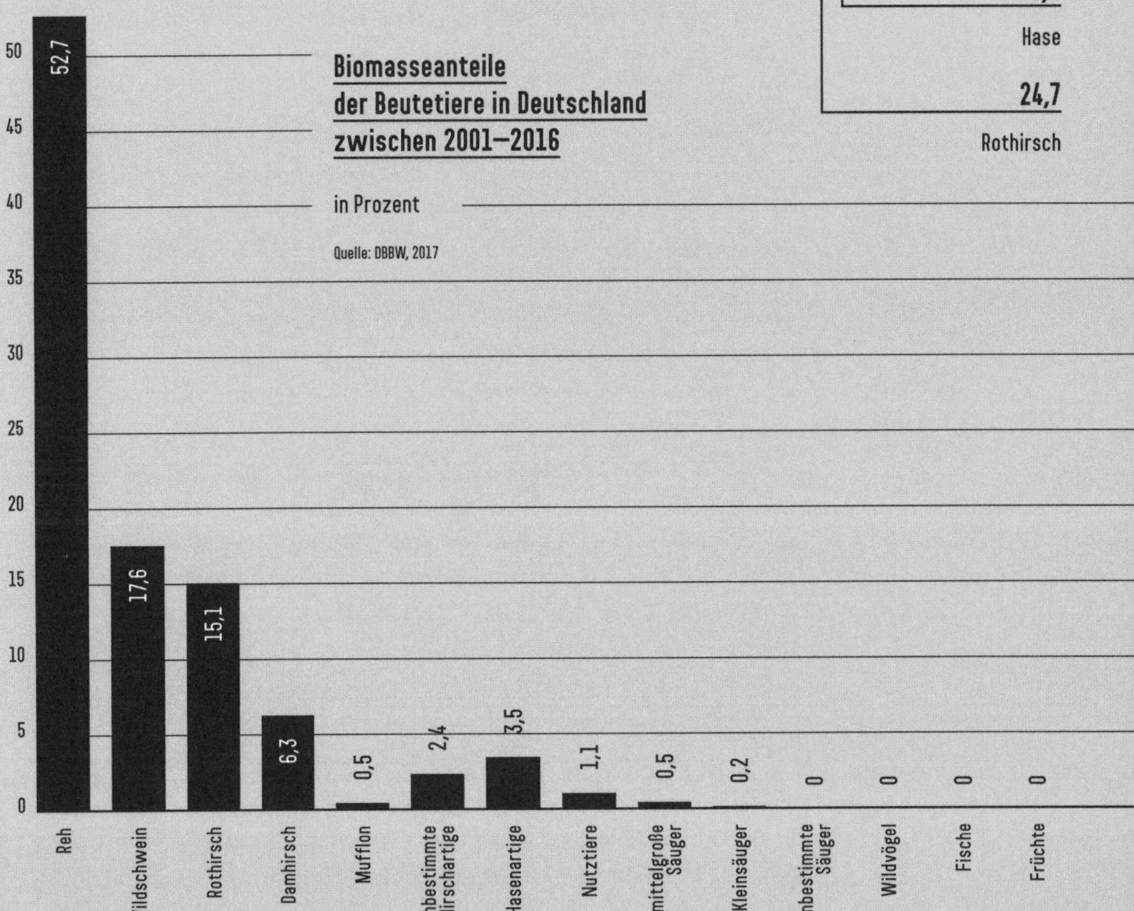

Wölfinnen ihren Welpen übrigens nicht. Ab einem gewissen Entwicklungsstand der Jungen tolerieren Wolfsmütter, wenn ihnen diese auf die Jagd folgen. Wie man Beutetiere zur Strecke bringt, müssen die Welpen aus der Beobachtung und nach der Methode »Versuch und Irrtum« lernen.

Zu fallweise schmerzhaften Irrtümern kommt es dann, wenn sich Wölfe mit falschen Gegnern anlegen. Ausgewachsene Hirsche, Elche, Bisons und Moschusochsen und manchmal auch Wildschweine lassen sich mitunter von einem allein jagenden Wolf gar nicht beeindrucken und gehen ihrerseits zum Angriff über. Was den Wolf häufig veranlasst, sich nach unkomplizierterer Beute umzusehen.

In Gebieten mit reichlichem Bestand an Beutetieren ist ein ausgeprägtes Selektionsverhalten der Wölfe zu beobachten. Gesunde, ausgewachsene Tiere lassen sie überwiegend in Frieden. Besonders gefährdet sind hingegen junge, alte und kranke Individuen.

Den meisten ihrer Beutetiere sind Wölfe bezüglich des Kampfgewichts krass unterlegen. Die aktuell in Mittel- und Westeuropa präsenten Wölfe wiegen zwischen 30 und 50 kg, ausgewachsene Rothirsche und Wildschweinkeiler können auch 200 kg auf die Waage bringen und Rinder, die auch hin und wieder von Wölfen als Beute auserkoren werden, wiegen mitunter eine halbe Tonne. Derart große Tiere vom Leben zum Tod zu befördern stellt für Wölfe keine leichte Aufgabe dar. Die Haut eines Rindes hat immerhin eine Stärke von bis zu 6 mm, da dringen auch die scharfen Reißzähne der Wölfe nicht ohne Weiteres durch. Mit einem Biss in die Kehle können Wölfe auch derart robuste Tiere zur Strecke bringen, indem sie an der Gurgel so lange festhalten, bis die Beute erstickt ist.

Obwohl Wölfe für die Jagd hervorragend ausgestattet sind, müssen sie dennoch viel investieren, um Beute zu machen. Nur etwa 10 % ihrer Angriffe führen zum Erfolg. Bei einer 2012 durchgeführten Studie an Wölfen auf der US-amerikanischen Isle Royale hat sich gezeigt, wie mühsam für Wölfe die Jagd auf Elche sein kann. Bei 131 Attacken auf Elche konnten die Wölfe 53 einholen. Davon entkamen 34 Elche durch Flucht. 12 Elche verteidigten sich. Davon wurden 7 angegriffen und 6 schließlich zur Strecke gebracht. Jagderfolg: 4,6 %.

Gerissene Tiere nutzen Wölfe sehr gründlich. Wenn Wölfe ungestört fressen können, bleibt von ihrer Beute wenig mehr über als Fell, Knochen und Teile des Verdauungstraktes. Dank ihres starken Gebisses können Wölfe ihre Beute nahezu komplett verwerten. Die Mahlzähne sind spitz und im hinteren Bereich der Zahnreihe sind diese zu sogenannten Brechscheren umgewandelt. Damit können auch große Röhrenknochen mit dem nahrhaften Knochenmark darin geknackt werden. Bei einer Mahlzeit nehmen Wölfe bis zu zehn Kilogramm Fleisch auf. Wenn sie große Tiere erbeuten, kehren sie oft mehrere Tage zum Fressen zu den Kadavern zurück.

Wie an anderer Stelle dieses Buches beschrieben (▸ **Seite 96**) führen die Jagderfolge der Wölfe zu keiner rapiden Reduktion des Wildtierbestands in ihren Streifgebieten. Das liegt nicht unwesentlich daran, dass potenzielle Beutetiere Strategien gegen Wolfsangriffe entwickelt haben. So gehen Elche bei der Verfolgung durch Wölfe gern ins Wasser und bleiben dort beharrlich, bis der Wolf oder die Wölfe wieder abziehen. Das tun Wölfe üblicherweise nach kurzer Zeit, denn Geduld ist keine ausgeprägte Tugend der Wölfe bei der Jagd.

21

Wenn der Blutrausch kommt

IST DER WOLF EIN AUSSERGEWÖHNLICH MORDLUSTIGES RAUBTIER?

Keineswegs. Wölfe machen Beute, um sich zu ernähren. In außergewöhnlichen Situationen wird ihr Tötungsreflex allerdings zu oft ausgelöst.

»Der Sinn des Lebens war Fleisch. Das Leben selbst war Fleisch. Das Leben lebte vom Leben. Die einen fraßen und die anderen wurden gefressen. Und das Gesetz lautete: Fressen oder gefressen werden.«

So schreibt Jack London in seinem großen Abenteuerroman *Wolfsblut*, in dem Wölfe und Hunde die Hauptrollen spielen.

Das Gesetz vom Fressen und Gefressenwerden wirkt aus menschlicher Perspektive reichlich brutal. Sachlich betrachtet ist es der Normalzustand in der Natur. Fleischfresser gibt es überreichlich in allen Stämmen des Tierreichs, von den Säugetieren zu den Vögeln, von den Reptilien zu den Spinnentieren. Sogar manche Pflanzen und Pilze haben sich auf den Verzehr von tierischem Gewebe spezialisiert.

Irritierend mag es wirken, wenn Tiere mehr Beute töten, als sie zu ihrer Ernährung benötigen. Das wird als unnatürlich empfunden und führt dazu, dass derartig raublustigen Individuen oder Arten ein schlechter Charakter unterstellt wird. Der Wolf befindet sich in dieser Schublade, weil es immer wieder Fälle gibt, in denen Wolfsrudel oder auch Einzeltiere wahre Massaker anrichten – wie etwa auch Füchse und Marder, die gelegentlich sämtliche Bewohner eines Geflügelstalls totbeißen, obwohl ein einziges Huhn ihren Nahrungsbedarf längst decken würde.

Mit der Rückkehr der Wölfe in die Lebensräume der Menschen kommen uns auch diese Geschichten wieder näher. Beispielsweise fielen Ende April 2015 in Bad Wildbad (Baden-Württemberg) mehr als 40 Schafe einer Wolfsattacke zum Opfer. Mehr als 30 wurden totgebissen, einige so schwer verletzt, dass sie eingeschläfert werden mussten, andere flüchteten in einen Bach und verletzten sich dabei tödlich. Im Februar 2016 überfiel im Naturschutzgebiet Königsrücker Heide (Sachsen) ein Wolfsrudel die zur Weidepflege eingesetzte Schafsherde. Mit dem Resultat von 40 getöteten und 30 vermissten Nutztieren. Im österreichischen Waldviertel sprang 2016 ein Wolf in ein Damhirschgehege und biss vier Hirsche tot. Im Herbst 2018 riss ein Wolf nahe Rostock in einer Nacht 15 Schafe und verletzte 10 weitere schwer. Im Sommer 2019 tötete ein Wolf im Schweizer Val Canaria innerhalb eines Monats 41 Schafe und davon 12 in einer einzigen Nacht. Die Aufzählung könnte noch fortgesetzt werden, illustriert aber schon an diesem Punkt, dass Wölfe auch zu wahren Massakern fähig sind.

Schreckensbilder

Wölfe können unter bestimmten Voraussetzungen wahre Massaker anrichten. Die Bilder auf dieser und der vorigen Seite zeigen die Folgen nach Wolfsangriffen in Bad Wildbad und in Kummersdorf/Deutschland.

Derartige Fälle auf eine Verhaltensstörung der Täter zurückzuführen, wäre weit gefehlt. Auch diese Dramen sind aus der Natur erklärbar. Wenn Beutegreifer in unnatürliche Situationen geraten, kann das zu eben solchen Entgleisungen führen. Der Begriff dafür lautet »Blutrausch«.

Unter natürlichen Bedingungen wird es dazu nicht kommen. Ein gesunder Wolf oder anderer Beutegreifer (bei an Tollwut erkrankten Tieren ist es anders) wird sein Beutetier töten, fressen oder zum späteren Verzehr in Sicherheit bringen. Stößt er bei seiner Jagd beispielsweise in ein Hirschrudel, werden die nicht direkt angegriffenen Tiere des Rudels fliehen, der Wolf wird sie nicht weiter verfolgen und mit seinem Beutestück zurückbleiben. Fliehen die potenziellen Beutetiere jedoch nicht, kann dies beim Beutegreifer wiederholt den Tötungsreflex auslösen.

Genau das passiert, wenn Wölfe in einen Pferch oder ein Gehege mit Weidetieren eindringen oder der Fuchs in den Hühnerstall steigt. Die Schafe oder Hühner können nicht fliehen, der »Räuber« beißt ein Beutestück nach dem anderen tot – im Extremfall, bis sich rundum nichts mehr bewegt.

Bei vielen Schafen kommt noch hinzu, dass einige Rassen ein Verhalten zeigen, das sie beim Auftauchen eines »Hundes« eng zusammenrücken lässt, weil sie durch die Arbeit der Hütehunde darauf konditioniert wurden. Ein derartiger Haufen blökender Beutetiere ist für Wölfe völlig ungewohnt und kann ohne Weiteres zum sogenannten Blutrausch führen.

Davor sind übrigens auch die vermeintlich gemütlicheren Bären nicht gefeit. Im Juli 2019 fielen einem solchen im Tiroler Inntal und Sellraintal 20 Schafe zum Opfer. Auch hier ist davon auszugehen, dass die Schafe nicht das taten, was der Bär in einer natürlichen Situation zu erwarten hätte: fliehen.

Wolfsriss oder sonst was

22 WIE KANN MAN WISSEN, WER DER TÄTER WAR?

Experten können häufig an Biss- und Fraßspuren erkennen, ob ein Wolf oder Wölfe für den Tod oder Verzehr eines Tieres verantwortlich waren. Größte Sicherheit bringen DNA-Analysen.

Seit Wölfe wieder in Mitteleuropa und damit in Regionen mit hoher land- und jagdwirtschaftlicher Nutzung unterwegs sind, ist die Bestimmung ihrer Spuren ein großes Thema. Und Spuren hinterlassen Wölfe reichlich. Im reinen Sinn des Wortes hinterlassen sie Fußspuren. Diese Trittsiegel sind allerdings recht unsichere Indikatoren eines Wolfauftretens, weil man die Pfotenabdrücke der Wölfe von jenen der Hunde nur schwer unterscheiden kann (▸ Seite 128).

Wölfe hinterlassen Zeichen ihrer Anwesenheit auch in Form von Kot (ihrer Losung, wie es in der Jägersprache heißt). Praktischerweise legen sie diese Hinterlassenschaft gern an prominenter Stelle ab, weil ihnen Kot auch als Mittel zur intraspezifischen Kommunikation, zum Beispiel zur Revierabgrenzung dient.

Am augenfälligsten sind die Spuren von Wölfen aber an den von ihnen erbeuteten Tieren. Bei Verdachtsfällen dieser Art werden häufig Rissbegutachter an die Tatorte gerufen. Betrifft der Riss ein Nutztier, geht es nicht mehr nur um naturkundliche Erkenntnisse und die Verfolgung von Wolfsbewegungen im Rahmen des Wolfsmonitorings, sondern auch um Schadenskompensation (▸ Seite 143) und Prävention (▸ Seite 101), also um Geld und Sicherheit.

Ein wesentliches Indiz für die Täterschaft des Wolfs ist der sogenannte Kehlbiss. Mit einem Biss in die Kehle töten Wölfe ihre Beute sehr häufig. Andere Gefährder wie wildernde Haushunde tun das deutlich seltener. Luchse, die in manchen Regionen gemeinsam mit Wölfen vorkommen, gehen ihren Beutetieren ebenfalls an die Gurgel, doch sind diese katzenartigen Räuber keine Hetzjäger wie die Wölfe. Die Hetzjagd des Wolfes wird vor allem an größeren Beutetieren in Form von schweren Bisswunden in den Hinterläufen und in den Flanken der Opfer sichtbar. Insgesamt sind die Bissspuren von Wölfen deutlich intensiver und zahlreicher als jene von Luchsen, die, im Gegensatz zu Wölfen, ihre Beute mit den Krallen festhalten können.

Kleinere Tiere wie Rehe, Ziege und Schafe bringen Wölfe allerdings auch allein durch den Kehlbiss zur Strecke, weshalb es für die eindeutige Beurteilung eines Risses auch andere Spuren an den Kadavern zu beurteilen gilt.

Beispielsweise gibt das Fraßverhalten deutliche Hinweise auf die Art des Tieres, das sich an der Beute gütlich getan hat. Wölfe nutzen die von ihnen gerissenen Tiere sehr gründlich. Von manchen Wolfsrissen bleiben nur noch das Gerippe und ein paar Fellreste übrig. Dabei fressen Wölfe zuerst an den starken Muskelpartien wie den Keulen und dem Rücken. Sie öffnen auch die Bauchdecke und verzehren die nahrhaften Eingeweide. Im Gegensatz dazu fressen Luchse ihre Beute von hinten nach vorn und verschmähen zumeist die Innereien.

Mit ihren kräftigen Backenzähnen können Wölfe auch massive Knochen zerbeißen, um an das Knochenmark zu kommen. Das können Luchse und Goldschakale nicht. Also deuten auch solche Fraßspuren auf die Aktivitäten von Wölfen hin.

Bei zahlreichen Untersuchungen von Wild- oder Nutztierkadavern lässt sich aus der Indizienlage kein klares Täterprofil ableiten. So ist durch den Augenschein oft nicht festzustellen, ob ein Hund oder Wolf, Fuchs, Schakal oder Luchs das Beutetier getötet hat. In solchen Fällen müssen spezialisierte Labore bemüht werden. Durch die Untersuchung von DNA-Spuren lässt sich zweifelsfrei ermitteln, wer sich an einem gegenständlichen Opfer zu schaffen gemacht hat. Es lässt sich nicht nur die Tierart bestimmen, sondern in manchen Fällen auch, welches Individuum die DNA-Spuren hinterlassen hat.

Voraussetzung für erfolgreiche Analysen sind auswertbare DNA-Spuren. Speichelproben, die an Wolfsrissen sichergestellt werden können, sind dazu das ergiebigste Material. Aber auch die Analyse von Haaren oder Kot gestattet die Ermittlung des »Täters«.

Die technischen Verfahren zur Art- und Individuenbestimmung sind reichlich kompliziert. Eine Methode besteht in der Analyse sogenannter Snips. Snips – korrekt SNPs, was für Single Nucleotide Poly-

Spuren heimischer Raubtiere

morphism steht (auf Deutsch: Einzelnukleotid-Polymorphismus) – sind im Doppelstrang der DNA gegenüber liegende Basenpaare, die nicht ident zusammengesetzt sind. Das ist ein Sonderfall im Aufbau des Erbguts, denn normalerweise stehen einander gleiche Basenpaare gegenüber – also beispielsweise die Kombination von Adenin mit Guanin oder Guanin mit Cytosin oder Adenin mit Thymin und so weiter. Daher sind Snips an bestimmten Stellen des Erbguts typisch für eine Art und gestatten eine eindeutige Zuordnung, auch ganz unabhängig davon, aus welcher Population das mit dieser DNA ausgestattete Lebewesen stammt.

In den auf DNA-Analysen spezialisierten Laboren kennt man noch viel feinere Methoden. So lässt sich mit sogenannten Mikrosatellitenuntersuchungen das biologische Geschlecht des Probanden oder der Probandin feststellen, eine Zuordnung zu einer bestimmten Population treffen, es lässt sich damit ein allfälliger Hybridisierungsgrad bis in die dritte Generation nachweisen und es können einzelne Individuen identifiziert werden. Mikrosatelliten sind kurze DNA-Abschnitte, die mit derselben Basen-Kombination gehäuft an verschiedenen Stellen des Genoms vorhanden sind. Das Auftreten dieser Satelliten ist bei jedem einzelnen Lebewesen verschieden, sodass man nach entsprechender Analyse über einen eindeutigen genetischen Fingerabdruck verfügt.

Für die Beobachtung der Wölfe, die Analyse ihrer Verbreitung und Vermehrung, ihres Verhaltens und ihrer Wandertätigkeit sowie zahlreiche andere Zwecke werden die Genanalysen in miteinander vernetzten Datenbanken gesammelt. In Deutschland obliegt diese Aufgabe dem Senckenberg-Institut in Gelnhausen bei Frankfurt, in der Schweiz wird die Wolfsdatenbank von der Universität in Lausanne gepflegt, in Österreich ist die Veterinärmedizinische Universität Wien dafür zuständig. Der einschlägige Datenschatz und damit das Wissen über die Wölfe in Europa wächst mit schöner Regelmäßigkeit. Allein das Senckenberg-Institut verfügt Stand 2019 über mehr als 700 DNA-Profile von Wölfen, deren Proben in Deutschland genommen wurden, die aber mittlerweile auch ganz woanders sein können.

Die Erkenntnisse aus dem Datenabgleich sind vielfältig. So weiß man heute, dass sämtliche in der Schweiz genetisch untersuchten Wölfe ihre Vorfahren in Italien hatten, da bestimmte Merkmale ihres Erbguts weltweit nur bei den wild lebenden Wölfen in italienischen Lebensräumen zu finden sind. Oder, dass es sich bei allen in Deutschland bekannten Rudeln um Familien handelt, deren Nachwuchs nach ein bis zwei Jahren vom Rudel abwandert und dass sich fast ausschließlich die ursprünglichen Elterntiere des Rudels verpaaren, Inzucht bei den in Deutschland untersuchten Wölfen also selten ist.

Die technischen Möglichkeiten zur Analyse von Erbgut sind weit fortgeschritten. Der Erfolg der Anwendung hängt aber sehr wesentlich von der Qualität der Proben ab. So sind Speichelproben nur etwa 72 Stunden nach der Absonderung aussichtsreich analysierbar und können auch bei zeitnaher Sicherung durch Witterungseinflüsse oder Verunreinigung durch andere Tiere, die sich mit einem Beutetier beschäftigt haben, unbrauchbar geworden sein. In Proben von Kot kann beispielsweise zu wenig DNA enthalten sein, um aussagekräftige Ergebnisse zu erhalten. Ausweislich der Statistik des Senckenberg-Instituts bringt bei Verdacht auf Wolfsriss nur jede zweite Genanalyse befriedigende Ergebnisse. Damit kann auch der Einsatz modernster Kriminaltechnik nur in der Hälfte aller Fälle die »Täter« überführen.

Mit Hilfe von »Snips« lässt sich bei der DNA-Analyse die Art feststellen, »Satelliten« ermöglichen sogar die exakte Zuordnung der Probe zu einem Individuum.

23

Kollateralnutzen

GIBT ES AUCH LEBEWESEN, DIE VOM WOLF PROFITIEREN?

Eher wenige. In speziellen Fällen können Wölfe aber sehr nützlich sein.

Die Erörterung der Wolfsnützlichkeit führt zum Thema der trophischen Kaskade. Als trophische Kaskaden bezeichnet man in der Biologie jene Effekte, die durch die Ernährung und den Nahrungsbedarf von Tieren auf andere Tierarten und Pflanzen ausgeübt werden. Weil man sich diese Effekte in der Nahrungskette von oben nach unten verlaufend vorstellt – von den Fleischfressern zu den Pflanzenfressern zu den Pflanzen – spricht man von Kaskaden. Eigentlich funktionieren diese Beeinflussungen aber von unten nach oben: Wo das Angebot an Futterpflanzen zurückgeht, verschwinden die Pflanzenfresser, wo keine Pflanzenfresser, da keine Wölfe. Hingegen kennen wir Lebensräume, in denen Pflanzenfresser reichlich unterwegs sind, aber keine großen Beutegreifer. Das sind vor allem Gebiete, in denen der Mensch als allergrößter Beutegreifer regulierend eingegriffen hat.

Direkt profitieren andere Tiere von Wölfen, wenn sie an deren Beute partizipieren können. Wölfe konsumieren zwar die von ihnen gerissenen Tiere ziemlich gründlich, doch für Rabenvögel, Adler, Füchse und andere, die sich von Aas ernähren, fällt dabei immer etwas ab. So ist bei der Analyse von Nutztieren (▸ Seite 126), die vom Wolf gerissen wurden, auch die Feststellung von Fuchs-DNA keine Seltenheit.

In gewissen Regionen kann die Aasproduktion der großen Beutegreifer für manche anderen Tiere sehr nützlich bis überlebenswichtig sein. Im hohen Norden beispielsweise sind Aasfresser auf heftige Schneestürme und andere Naturkatastrophen angewiesen, um an Nahrung zu kommen. Die von Wölfen, Bären oder Luchsen hinterlassenen Reste gerissener Tiere bereichern ihren Speisezettel.

Im Herbst 2019 wurde im Yellowstone-Nationalpark ein Projekt gestartet, das die Wechselwirkung zwischen Wölfen und Kolkraben untersucht. Speziell wird dabei die Frage behandelt, ob Kolkraben von Wölfen so stark profitieren, dass sie sich in deren Streifgebieten erfolgreicher vermehren als in wolfsfreien Zonen. Matthias-Claudio Loretto von der Konrad Lorenz Forschungsstelle der Universität Wien hat dafür 58 Vögel mit Sendern ausgestattet und vergleicht die Bewegungen der Raben mit jenen besenderter Wölfe. Schon nach kurzer Beobachtungszeit deutet vieles darauf hin, dass die Symbiose zwischen Raben und Wölfen deutlich weniger eng ist, als es oft dargestellt und berichtet wird. Die Raumnutzung der Kolkraben zeigt sich um ein Vielfaches größer als das Streifgebiet der Wölfe. Die Raben fliegen zwar bis zu 40 km zielstrebig zu einem frischen Wolfsriss, kümmern sich aber generell recht wenig um das, was die Wölfe tun. Diese scheinen den Vögeln zu unzuverlässig und zu langweilig zu sein, weil sie vergleichsweise sehr viel Zeit mit etwas verbringen, das den Kolkraben fremd ist: ruhen und rasten.

Die gegenständliche Forschungsarbeit macht auch ein Verhalten völlig unwahrscheinlich, über das vor einigen Jahren im TV berichtet wurde und das bei Drucklegung dieses Buches noch auf Facebook zu besichtigen war: dass Raben notleidende Wölfe zu potenziellen Beutetieren führen. Diese auf Anekdoten basierende Geschichte ist allein deshalb auszuschließen, weil der Vogel dazu erkennen müsste, was der Wolf gerade braucht, und der Wolf die Zeichen des Raben verstehen müsste. Anhaltspunkte, dass dergleichen möglich ist, hat man keine. Wolf und Rabe müssten noch deutlich schlauer sein, als sie es ohnehin schon sind.

Indirekt können große Beutegreifer anderen Arten helfen, indem sie deren Feinde reduzieren. In Finnland hat die Wiederansiedlung von Luchsen dazu geführt, dass sich die Bestände von Raufußhühnern (wozu Birkhühner, Auerhühner und Schneehühner zählen) merklich erholen. Die Ursache liegt darin, dass Luchse die Fuchspopulation reduzieren, und Füchse sind gemeinsam mit Mardern und Greifvögeln die größte Gefahr für die am Boden brütenden Hühner und ihre Gelege.

Ähnliches bewerkstelligen die mit den Wölfen verwandten Dingos in Australien. Auch sie reduzieren den Fuchsbestand und sorgen damit indirekt für bessere Überlebenschancen der von Füchsen bedrängten Tierarten. Was nicht wenige sind. Unter anderem wegen der großen

Anzahl von Füchsen grassiert in Australien ein gewaltiges Artensterben unter kleinen Wirbeltieren. Dingos könnten bei der Korrektur dieses Prozesses eine bedeutende Rolle spielen. Bei der Reduktion der Fuchspopulation liefern sie deutlich bessere Resultate als die von Menschen initiierten Aktionen, die unter anderem im Auslegen von Giftködern bestehen. Verrückt dabei ist nur, dass nicht nur Füchse durch den Menschen nach Australien kamen, sondern auch Dingos – wenn auch vor mehreren Tausend Jahren.

Im Yellowstone-Nationalpark hat die Wiederansiedlung von Wölfen zum Ende des 20. Jahrhunderts neben anderen Effekten (▸ **Seite 114**) auch zu einer Verdrängung von Kojoten geführt. Kojoten ernähren sich zu 90 % von Hasen und Mäusen. Den kleinen Nagern geht es seit dem Auftreten der Wölfe im Nationalpark wieder besser.

Als positiv wird fallweise auch interpretiert, dass Wölfe einen Beitrag zur Gesunderhaltung von Wildtierpopulationen beitragen. Neben Jungtieren reißen Wölfe vor allem altes, schwaches und krankes Wild, was dazu führt, dass sich überwiegend die kräftigen und wehrhaften Individuen fortpflanzen, der Gesamtbestand also fitter wird.

Nicht zuletzt setzt sich die trophische Kaskade auch in das Reich der Pflanzen fort, was wieder Rückwirkungen auf die Tierwelt hat. Reduzieren Wölfe den Bestand an Wiederkäuern wie Wapitis und Elchen, kann das auch den Fraßdruck dieser Tiere in den Wäldern mindern. Die Wälder werden dadurch dichter, was bessere Lebensumstände für Vögel schafft und nebenbei Biberpopulationen mehr Baumaterial anbietet. Weil Wälder viel CO_2 speichern, können Wölfe durch die Reduktion der Rinden- und Triebefresser auch einen Beitrag zum Klimaschutz leisten.

Diese Betrachtungen vereinfachen natürlich ein komplexes System, das nicht aus Nahrungsketten, sondern eigentlich aus Nahrungsnetzen besteht, das wir bis heute nicht durchschauen. Nicht selten ist auch der Wunsch Vater des Gedanken und die ökologische Rolle der großen Beutegreifer wird vielleicht falsch eingeschätzt. Fakt ist jedenfalls, dass funktionierende Ökosysteme generell eine hohe Artenvielfalt benötigen – und da sind Wölfe ein wichtiges Mosaiksteinchen.

24 WIE KANN MAN WÖLFEN BEIBRINGEN, DASS SIE WEIDETIERE IN RUHE LASSEN SOLLEN?

Man kann es mit Vergrämungsmaßnahmen versuchen. Doch diese sind aufwendig, und ihr Erfolg ist ungewiss.

Wo Wölfe Probleme machen und man sie nicht bejagen darf, wird nach anderen Methoden gesucht, sie auf Distanz zu halten. Überwiegend auf Distanz zu Weidetieren, aber auch zu Kindergärten, Spaziergängern oder Siedlungsgebieten. Die Mittel zum Zweck sind sogenannte Vergrämungsmaßnahmen. Vergrämen kommt von Gram. Man will die Wölfe also so sehr ärgern, dass sie sich nach der Vergrämung nicht mehr in vergleichbare Situationen begeben.

Dieser Lerneffekt wird in der Psychologie negative Konditionierung genannt. Das Tier (oder der Mensch) soll bei einem bestimmten Verhalten mit unangenehmen Folgen rechnen und dieses Verhalten fortan unterlassen. Damit dieser Effekt eintritt, müssen die Wölfe ihr Verhalten mit der Ursache ihres Ärgers verbinden können. Das Begreifen eines solchen Ursache-Wirkungs-Prinzips ist für die allermeisten Wildtiere schwierig bis unmöglich. Wölfe können das in gewissem Maß, weil sie als sozial lebende Tiere äußerst lernfähig sind.

Den Zusammenhang zwischen Verhalten und negativen Folgen kann der Wolf allerdings nur dann verstehen, wenn Tat und Strafe unmittelbar zusammenfallen. Er muss also bei seinem unerwünschten Verhalten ertappt werden und sogleich negative Folgen zu spüren bekommen. Das ist die erste Problematik bei der Wolfsvergrämung. Wölfe zeigen solches Verhalten in den wenigsten Fällen vor Publikum. Sie gehen den Schafen und Ziegen in der Stille der Nacht an die Gurgel, wenn niemand zuschaut. Und in noch selteneren Fällen tauchen sie wiederholt zu gewissen Stunden an bestimmten Orten auf, um Spaziergänger oder Kinder zu ängstigen.

Wölfe kann man also nur erfolgreich vergrämen, wenn man weiß, wo sie sich befinden. Als erste Maßnahme eines Wolfsvergrämungsprogramms versucht man deshalb, problematische Wölfe mit Sendern auszustatten, die eine Positionsbestimmung ermöglichen. Das Besendern von Wölfen setzt deren Fang voraus. Wölfe fangen ist möglich, aber mit ziemlich viel Aufwand verbunden.

Hat man den Problemwolf glücklich besendert, muss man genau dann an ihn herankommen, wenn er das unerwünschte Verhalten zeigt. Das wieder setzt voraus, dass die Positionsmeldungen des Senders permanent verfolgt werden und zum geeigneten Zeitpunkt eine Person oder ein Trupp ausrückt, um die entsprechenden Erziehungsmaßnahmen am Wolf zu verrichten. Man braucht also Vergrämungsexperten im Stand-by-Modus.

Hat man das alles organisiert, fragt sich immer noch, wodurch der Wolf derart beeindruckt werden kann, dass er sich das unerwünschte Verhalten – Nutztiere töten, Hofhunde verspeisen, vor Kindergärten sitzen ... – nachhaltig abgewöhnt. Zu diesem Zweck hat man einiges ausprobiert. Nun weiß man zwar immer noch nicht, was funktioniert, dafür aber, was nicht zum gewünschten Ergebnis führt.

Optische und akustische Signale wie Blinklichter und Sirenen machen Wölfe zwar stutzig, wenn diese aber wiederholt eingesetzt werden, erkennen Wölfe ganz schnell die Harmlosigkeit der Erscheinungen und kümmern sich fortan gar nicht mehr darum. Auch Knall- oder Feuerwerkskörper sind kein probates Mittel, Wölfe nachhaltig zu vertreiben. Ganz abgesehen von der Unmöglichkeit, zum geeigneten Zeitpunkt und in nächster Nähe der Wölfe pyrotechnische Kampfmittel zur Anwendung zu bringen, empfinden Wölfe Feuerwerksattacken ganz offenbar nicht als besonders verstörend. Auf Truppenübungsplätzen, wo sich die grauen Jäger besonders gern aufhalten, wird ihnen mit Knallerei gar nichts beizubringen sein. Sie kennen diese Erscheinungen von den militärischen Aktivitäten zur Genüge und verbinden damit nichts Negatives. Das gleiche gilt für Warnschüsse. Ganz im Gegenteil hat man beobachtet, dass Wölfe auf Schüsse mit Neugier reagieren. Sie werden von Jagden fallweise sogar angelockt, weil sie Schüsse mit der

Damit Vergrämungsaktionen erfolgreich sind, muss der zu erziehende Wolf die unangenehmen Erfahrungen mehrfach machen und einen Zusammenhang zwischen seinem Verhalten und den negativen Folgen herstellen können.

Chance auf Nahrung verbinden. Denn immer wieder kommt es vor, dass der Jäger seine Beute nicht findet, weil sie nicht unmittelbar tödlich getroffen wurde und sich im Dickicht versteckt. Oder der Jäger entnimmt seiner Beute vor Ort den Magen-Darm-Trakt, um den Abtransport zu erleichtern. Für Wölfe ein gefundenes Fressen.

Bleibt die Methode der Schmerztherapie, also das Zufügen von Schmerzen, um Wölfe von unerwünschtem Verhalten zu kurieren. Ein geeignetes Mittel dazu sind Gummigeschoße. Mit Gummigeschoßen kann man Menschen (auf Demonstrationen) wie Tieren erhebliche Schmerzen zufügen, ohne sie ernstlich zu verletzen. Der wirkungsvolle Einsatz von Gummigeschoßen setzt allerdings hochkarätige Experten voraus. Anders als Jagdmunition lässt sich mit Gummimunition nicht aus hundert Metern und mehr zielsicher schießen. Die ballistischen Eigenschaften sind völlig andere als die von Jagdgeschoßen. Die Schützen müssen bei der Vergrämung deshalb sehr nah an ihr Ziel heran. Vor allem auch, weil sie nicht einfach nur den Wolf treffen sollen, sondern ihn dort treffen müssen, wo das Geschoß keine schwerwiegenden Verletzungen verursachen kann. Als geeignetes Ziel kommen dazu eigentlich nur die Hinterkeulen infrage, denn bei einem Schuss auf den Kopf könnten das Tier schwere Augenverletzungen erleiden, bei einem Schuss auf den Rumpf könnten Rippen brechen. Dergleichen auszuschließen ist ein wesentliches Kriterium von Vergrämung, denn wenn man dabei schwerwiegende Verletzungen des Tieres billigend in Kauf nähme, könnte man gleich zu tödlicher Munition greifen und die ganz normale Jagd auf den Wolf eröffnen.

Gezielte Schüsse mit Gummiprojektilen können geübte Schützen aus Entfernungen bis zu 20 Metern abgeben. So nah also müsste ein »Vergrämer« an den Wolf herankommen, um seine Aufgabe erfolgreich zu verrichten.

Gelingt es ihm einmal, dem Wolf Gummikugeln aufs Hinterteil zu brennen, ist damit noch gar nichts erreicht. Es muss dem Wolf ja vermittelt werden, dass ein gewisses Verhalten unmittelbar und unvermeidlich Strafe nach sich zieht. Wird er nun beim Versuch, in ein Gehege mit Weidetieren einzudringen, einmal mit einer schmerzlichen Erfahrung konfrontiert, aber zehn weitere Male mit leichter Beute belohnt, kann und wird der gewünschte Lernerfolg nicht eintreten. In der Regel muss ein Wolf, Hund oder ein anderes zu erziehendes Wesen die negative Erfahrung mehrfach machen, um eine Beziehung zwischen einem Verhalten und den daraus resultierenden schmerzlichen Erfahrungen herzustellen. Demnach ist auch die Vergrämung mit Gummige-

Der Fall Kurti

Eine der aufwendigsten und medial am intensivsten behandelten Vergrämungsaktionen betraf den in Niedersachsen heimischen Wolf MT6, unwissenschaftlich »Kurti« genannt. Das Tier zeigte eine untypische Distanzlosigkeit zu Menschen, weshalb es vergrämt werden sollte. Dafür wurde mit Jens Karlsson vom Swedish Wildlife Damage ein Experte zugezogen, der mehrere Tage hindurch versuchte, Kurti mit Lärm und anderen Mitteln zu verschrecken. Auf die Schussdistanz für Gummigeschoße kam er nicht heran, weil der Wolf nun plötzlich Distanz hielt. Die Vergrämungsaktion schlug fehl. Letztendlich wurde Kurti auf Anordnung der Behörde erlegt und ziert nun ausgestopft die *NaturWelten* des Niedersächsischen Landesmuseums Hannover.

schoßen ein überaus herausforderndes Projekt, das wohl nur in besonders glücklichen Konstellationen zu einem erfolgreichen Ende geführt werden kann.

Aus der Fraktion, die sich besonders für den Schutz von Wölfen engagiert, kommt der Vorschlag, Problemwölfe mit Paintball-Munition zu beschießen. Weil diese Munition Schmerzen verursache – also den gewünschten Lerneffekt beim betroffenen Wolf auslösen könnte –, dazu aber auch den Wolf kenntlich mache. Mit Farben bespritzte Wölfe wären demnach als Problemwölfe erkennbar. Was natürlich immer noch keine Lösung des Problems wäre. Von den mit einer Vergrämung verbundenen Kosten war dabei noch gar nicht die Rede.

Um gezielte Schüsse mit Gummigeschoßen abgeben zu können, müssen auch geübte Schützen auf zwanzig Meter an ihr Ziel herankommen. Wild lebende Wölfe lassen eine solche Annährung nur äußerst selten zu.

25

WIE FUNKTIONIERT DIE KOMPENSATION VON WOLFSSCHÄDEN?

Mittlerweile recht unbürokratisch, weil sich die Meinung durchgesetzt hat, dass die Kosten des Wolfsschutzes nicht allein zulasten der Weidetierhalter gehen dürfen.

Neben dem Schutz der Nutztiere (▸ Seite 101) ist die Kompensation von Schäden eines von zwei Instrumenten, um die Konflikte zwischen Menschen – hier im Speziellen Weidetierhaltern – und Wölfen friedlich zu bereinigen. In den meisten europäischen Ländern sieht man den Schutz der großen Beutegreifer als gesellschaftliche Aufgabe und hat sich zur Leistung von Kompensationszahlungen nach Wolfsrissen entschlossen. Im Sinne der Gerechtigkeit, denn dem Nutzen, der durch den Schutz gewisser Tierarten und dem Erhalt der Biodiversität entsteht, soll nicht die einseitige Belastung der Tierhalter gegenüber stehen.

Darüber hinaus sollen die Zahlungen unter den von der Rückkehr oder Anwesenheit der Wölfe betroffenen Weidetierhaltern die Bereitschaft fördern, Wölfe in ihren Regionen zu dulden. Dass dieser Zweck nicht immer und überall erreicht wird, belegen Erfahrungen aus Regionen in Italien, in denen trotz eines funktionierenden Kompensationsmodells illegale Abschüsse von Wölfen ein großes Thema sind. Wie dieses Beispiel zeigt, sind Verluste von Weidetieren nicht allein ein ökonomisches Problem, sondern werden von zahlreichen Tierhaltern sozusagen persönlich genommen.

Voraussetzung für die Zuerkennung einer Kompensationszahlung ist in den meisten Ländern, dass die Tierhalter Maßnahmen zum Schutz ihrer Tiere getroffen, also zum Beispiel Zäune errichtet haben.

Die Schadensfeststellung und -bewertung wird üblicherweise durch Gutachter vor Ort durchgeführt. Die Höhe der Kompensationszahlungen variiert nicht nur zwischen den einzelnen Ländern, sondern mitunter auch innerstaatlich zwischen benachbarten Regionen. Meist werden zwischen 60 % und 100 % des Marktwerts der gerissenen Tiere erstattet. Nur in Frankreich erhalten geschädigte Landwirte mehr als den Marktwert, damit auch indirekte Schäden, wie beispielsweise der Verlust von Nachwuchs, abgegolten werden.

Üblicherweise orientiert sich die Höhe der Ausgleichszahlung aber am Marktwert der gerissenen Tiere. Unberücksichtigt bleiben Nebenkosten, etwa für die Suche, die Bergung, den Abtransport und die Entsorgung der Kadaver, einen entgangenen Zuchterfolg, den Verlust von Nachkommen bei trächtigen Tieren, eine verringerte Milchproduktion oder Aborte bei verbleibenden Tieren, Behandlungskosten verletzter Tiere oder Beschaffungskosten im Zuge von Ersatzkäufen für gerissene Tiere.

»Es geht nicht nur um die getöteten Schafe. Wenn der Wolf eines reißt, erleiden andere Schafe der Herde ein Trauma – mit der Folge von Fehlgeburten, psychischen Schäden und schlechter körperlicher Entwicklung.«

Hans Jörg Wimmer, Unterholzbauer, Werfen im Pongau

In Schweden wird eine gänzlich andere Strategie verfolgt, um Nutztierhalter zum friedlichen Umgang mit großen Beutegreifern zu motivieren. Hier schüttet der Staat für die nachgewiesene Vermehrung der Raubtiere Prämien aus. So wurden 2007 für jede zertifizierte Vielfraß- und Luchsreproduktion 200.000 Schwedenkronen bezahlt.

Wie umfangreich die Schäden unter Nutztieren durch Wolfsrisse sind, lässt sich anhand einiger Zahlen einschätzen. So wurden in der Schweiz in den letzten Jahren durchschnittlich 215 Nutztiere pro Jahr von Großraubtieren gerissen, wobei für 75 % der Verluste Wölfe verantwortlich waren. In Frankreich umfasste die Schadensabgeltung 2016 rund 3,2 Millionen Euro. Die entsprechenden Kosten sind hier seit dem Jahr 2013 um nicht weniger als 60 % gestiegen. Betreffend Spanien liegt eine Schätzung für das Jahr 2010 vor, in dem sich die Schäden durch Wolfsrisse auf etwa 2 Millionen Euro belaufen haben.

Zur Dimension der Wolfsschäden und dadurch ausgelöste Kompensationszahlungen hat die Europäische Kommission bereits 1999 ein Papier herausgegeben. Die darin aufgeführten Gesamtbelastungen der einzelnen Länder haben dabei geringe Aussagekraft, da sie naturgemäß von der Anzahl der in diesen Ländern vorhandenen Wölfe abhängig sind. Interessanter ist die darin angestellte Berechnung, welche Kosten einzelne Wölfe in bestimmten Regionen auslösen. Und diese sind recht unterschiedlich, nämlich zwischen wenigen Hundert Euro und knapp 4.000 Euro pro Wolf und Jahr. Mit knapp 4.000 Euro waren die Wölfe in Italien deutlich am kostspieligsten; wobei die Belastung der italienischen Landwirtschaft durch die grauen Jäger immer noch vergleichsweise gering war – die Schäden durch Wildschweine überstiegen die von Wölfen verursachten um ein Vielfaches.

Da die Zahlen stark von den weder exakt bestimmbaren noch gleich bleibenden Populationsgrößen abhängig sind, muss man die Ergebnisse der Untersuchung eher als grobe Schätzung denn als Berechnung betrachten. Signifikant ist jedoch der daraus ablesbare Trend. Die Statistikkurven zeigen deutlich nach oben. Die Wölfe werden also zusehends teurer. Was nicht nur am Anwachsen der Wolfspopulationen liegt, sondern auch an den steigenden Preisen für Weidetiere.

In einer aktuellen Arbeit von Wissenschaftlern der Universität für Bodenkultur Wien wurden diese beziffert. Demnach liegt der Marktwert für ein Zuchtschaf bei 280 Euro, für ein Mastlamm bei 105 Euro, für eine Zuchtkalbin bei 1.400 Euro und für ein Jungrind bei 880 Euro. Ein Ereignis 2019 im Salzburger Großarltal, bei dem ein Wolf innerhalb von vier Wochen 25 Schafe gerissen hat, erfordert also bei Erstattung

des vollen Marktwerts Kompensationszahlungen von rund 7.000 Euro. Was die für die Füllung und Verwaltung der entsprechenden Fonds und Kassen Verantwortlichen gerne wissen würden – wie hoch nämlich die durch Wolfsrisse verursachte Schadenssumme in Zukunft sein wird –, können die Wissenschaftler nicht sagen. Die erforderlichen Budgets hängen nämlich von dem schwer prognostizierbaren Wachstum der Wolfspopulationen ab. Zudem aber auch, ob in einer Region Wolfsrudel oder Einzelwölfe zugange sind (▸ **Seite 19**), ob Wölfe in einem Gebiet neu auftreten oder sich schon etabliert haben und vor allem, wie intensiv Herdenschutz betrieben wird.

Beim Stichwort Herdenschutz zeigt sich, dass Kompensationszahlungen auch unerwünschte Nebenwirkungen haben können. Wie Philip J. Nyhus, Professor am Colby College in Waterville, USA, herausgefunden hat, verlieren bei ausreichend hohen und unbürokratisch geleisteten Kompensationszahlungen manche Tierhalter die Ambition zu intensivem Herdenschutz. Für die Akzeptanz von Wölfen spielen also rasche und unbürokratische Schadensersatzzahlungen eine große Rolle. Doch selbst wenn diesen Anforderungen genüge getan wird: Nutztierhalter wollen etwas anderes, als Wolfsnahrung zu produzieren.

In Italien sind die Kompensationskosten nach Wolfsrissen besonders hoch. Die Schäden von Wildschweinen überstiegen die von Wölfen verursachten allerdings um ein Vielfaches.

Blick auf die Tiroler Alpen rund um Serfaus. Hier wird mit Herdenschutzhunden, umgesetzt von Wanderschäfer Thomas Schranz, zum Schutz der Schafe vor dem Wolf gearbeitet.

26 IST DIE JAGD AUF WÖLFE EIN GUTES MITTEL, UM SCHÄDEN AN NUTZTIEREN ZU VERHINDERN?

Ja. Aber nur, wenn die Jagd auf Wölfe sehr intensiv und ausdauernd betrieben wird.

Die Geschichte zeigt: Wo Wölfe konsequent verfolgt werden, verschwinden sie von der Bildfläche. Ein solches Programm ist aber zur Zeit zumindest in der EU nicht mehrheitsfähig. Hier herrscht überwiegend die Meinung, dass man die Wölfe nach ihrer Rückkehr in die von Menschen genutzten Gebiete nicht gleich wieder ausrotten soll. Die Frage nach der Bejagung zielt also – auch im Lichte der aktuellen Gesetzeslage (▸ Seite 36) – auf eine selektive Entnahme und dosierte Bestandsbegrenzung ab. Also Wölfe nicht flächendeckend jagen, sondern nur anlassbedingt und streng limitiert. Ob das die Wolfsschäden unter Nutztieren merklich reduzieren kann, ist mehr als zweifelhaft.

Bezüglich der Bestandsbegrenzung macht man in Frankreich Erfahrungen. Dort wurde im Jahr 2018 die Maximalzahl der zu akzeptierenden Wölfe mit 500 festgelegt. Was über diesen Bestand hinausgeht, soll durch jagdliche Methoden abgeschöpft werden. Die Hoffnung, dass diese Regelung die Zahl der Übergriffe von Wölfen auf Weidetiere gegen null bringt, ist jedoch unbegründet. Mit Blick auf die Statistik sind 500 Wölfe immer noch um ein paar Hundert zu viel, wenn man die Gefahr für Weidetiere bannen will. 2016 fielen in Frankreich mehr als 10.000 Nutztiere Wolfsangriffen zum Opfer, und da waren noch nicht einmal 400 der grauen Jäger in Frankreich unterwegs. Wolfsbestand – wie groß oder klein er auch immer sein mag – bedeutet also zwingend Gefahr für ungeschützte Weidetiere. Mit der Reduktion der Wolfspopulation auf ein willkürlich festgelegtes Maß lässt sich das Problem nicht aus der Welt schaffen, sondern allenfalls verringern.

Wenn man die Wölfe schon nicht ganz wegbringen kann – so fordern von Wölfen betroffene Weidtierhalter und die Jägerschaft häufig – sollte man als Alternative wolfsfreie Zonen schaffen. Und zwar durch selektiven Abschuss von Wölfen, die sich in Gebieten mit sensiblem Wild- oder Nutztierbestand aufhalten. Damit könnten Wölfe zwar kurzfristig entfernt werden, eine nachhaltige Lösung des Problems wäre aber auch diese jagdliche Maßnahme nicht. Wölfe wandern und halten sich nicht an die Grenzen von wolfsfreien Zonen. Junge Wölfe verlassen ihre Rudel und können ganz unvermeidlich auch in Sperrzonen auftauchen und Schäden anrichten.

In Slowenien untersuchte Miha Krofel von der Universität Laibach den Zusammenhang zwischen der Bejagung von Wölfen und der Häufigkeit von Weidetierverlusten durch Wolfsrisse. Slowenien war für die Forschungsarbeit eine gut geeignete Region, besteht dort doch eine hinreichend starke Wolfspopulation (Stand 2019: 75 Tiere in 14 Rudeln), die über einen langen Zeitraum regelmäßig bejagt wurde. Zwischen 1999 und 2017 erlegten die Jäger durchschnittlich fünf Wölfe pro Jahr. Krofel analysierte, ob die Anzahl der geschossenen Wölfe und die dadurch bewirkte Schwankung der Populationsstärke einen Einfluss auf die durch Wölfe verursachten Verluste an Weidetieren hatten. Mit dem Ergebnis: kein Zusammenhang.

Seit Veröffentlichung der Arbeit werden Wölfe in Slowenien nicht mehr zum Abschuss freigegeben. Dem slowenischen Verwaltungsgerichtshof erscheint das Argument, dass durch Bejagung der Wölfe die Wolfsangriffe auf Weidetiere verringert werden würden, nicht mehr stichhaltig.

Wenn also sanfte Bejagung – wie das Beispiel Slowenien zeigt – keine merklichen Effekte bringt, aber totale Reduktion des Wolfsbestands mit Sicherheit zum gewünschten Ergebnis führt, sollte es doch ein Ausmaß der Wolfsjagd geben, das als Kompromiss zwischen den widerstreitenden Interessen von Schutz der Beutegreifer und Schutz der Weidetiere akzeptiert werden kann. Eine von den an der Washington State University arbeitenden Biologen Robert B. Wielgus und Kaylie A. Peebles im Jahr 2014 vorgelegte Arbeit zeigt auf, wie intensiv den Wölfen nachgestellt werden muss, damit Nutztiere sicherer auf ihren

A. Kaldori
K.K. KAMMER-FOTOGRAF
LINZ
LANDSTRASSE 26

Wolfsjäger

Im Gegensatz zu heute wurde die Wolfsjagd in früheren Zeiten wenig hinterfragt und mit Begeisterung ausgeübt. Die Bilder zeigen Friederike Bohuslav vulgo »Jaga-Fritzl«, eine Försterstochter aus Oberösterreich, die 1909 einen der letzten Wölfe der Region erlegte, und den Gräflichen Jäger Paul Steinbauer, der ähnliches 1914 in Kärnten verrichtete.

Weiden stehen können. Die Beobachtungen von Wielgus und Peebles zeigen, dass erst ab einer Reduktion des Wolfsbestands um 25 % die Zahl der gerissenen Nutztiere geringer wird. Umgelegt auf Deutschland, wo aktuell etwa 1.300 Wölfe leben, müssten also mehr als 300 Wölfe getötet werden, um einen merkbaren Beitrag zum Schutz der Weidetiere zu leisten.

Wie eine im Fachjournal »Frontiers in Ecology and the Environment« veröffentlichte Untersuchung zeigt, bringt die Tötung einzelner Wölfe wenig und kann sogar zu noch mehr Wolfsschäden führen. Nur in 29 % der untersuchten Fälle bewirkten Wolfstötungen einen minimalen Rückgang der Übergriffe auf Nutztiere durch Wölfe. Beim Rest wurde keine Verbesserung der Situation festgestellt, fallweise kam es zu negativen Effekten.

Im Nachgang zu dieser Arbeit verglich ein internationales Forscherteam die Resultate und die Aussagekraft verschiedener Studien in Amerika, Europa, Afrika und Asien. Auch hier kam man zu dem Ergebnis, dass einzelne Wolfabschüsse kein probates Mittel zum Schutz von Nutztieren sind und sogar kontraproduktiv sein können.

Die Effekte sind vor allem dann negativ, wenn einzelne Wölfe aus Rudeln entnommen werden und es dadurch zur Störung der Familienstruktur und einer Verhaltensänderung der Wölfe kommt. Wie an anderer Stelle dieses Buches beschrieben wird (▸ **Seite 197**), vergreifen sich in Rudeln lebende Wölfe signifikant seltener an Nutztieren als einzeln jagende Wölfe. Zerbricht ein Rudel durch den Abschuss eines Elterntiers, kann aus einer weitgehend harmlosen Wolfsfamilie ganz plötzlich eine Anzahl problematischer Einzelwölfe werden.

»Nicht überall sollten Wölfe ein Aufenthaltsrecht haben. Die fachgerecht ausgeübte Jagd ist das geeignetste Mittel, um Wölfe aus ungeeigneten Lebensräumen zu entfernen.«

Christoph Burgstaller, Berufsjäger in Salzburg

Selbstermächtigung

27 WARUM SIND ILLEGALE WOLFSTÖTUNGEN EIN PROBLEM? UND WER TUT SO WAS?

In Regionen mit wenigen Wölfen kann schon die Tötung einzelner Individuen zu einer erheblichen Schwächung der genetischen Basis führen. Wer für illegale Abschüsse von Wölfen verantwortlich ist, wird nur in sehr wenigen Fällen ermittelt.

Wo die Bürger das Gefühl haben, dass der Staat versagt, nehmen sie den Schutz ihrer Interessen gern selbst in die Hand. Und so verschwinden immer wieder Bären, Luchse oder Wölfe von einem Tag auf den anderen von der Bildfläche. So geschehen bei den etwa 30 Bären, die seit den 1990er-Jahren in Österreich geboren wurden, bei Luchspopulationen in Süddeutschland und Tschechien und bei einer erklecklichen Zahl an Wölfen. Der Grund dafür ist in den meisten Fällen Wilderei (also ein jagdrechtliches Vergehen, wenn Wölfe im Jagdrecht streng geschützt sind) bzw. der illegale Abschuss der geschützten Tiere (wenn diese nicht im Jagdrecht als Wild genannt sind).

In manchen Ländern, wie jenen am Balkan und den Karpaten, wird darüber nicht viel diskutiert. Dort hat man immer schon Wölfe geschossen, die den Menschen und ihren Nutztieren zu nahe gekommen sind. In den mitteleuropäischen Ländern, in denen Wölfe erst in den letzten Jahrzehnten wieder heimisch geworden sind, wird Wilderei auf Wolf, Luchs und Bär als ernste Angelegenheit empfunden und behördlich verfolgt. Was allerdings nicht verhindert, dass sich Wolfsgegner erstaunlich oft selbst ermächtigen und in ihrem Sinn regulierend in den Wildbestand eingreifen. Und zwar in beträchtlichem Ausmaß.

Zahlen aus Deutschland belegen das. Dort wurden zwischen 1999 und Februar 2020 laut Statistik der deutschen Dokumentations- und Beratungsstelle zum Thema Wolf 440 Wölfe tot aufgefunden. 336 davon waren durch Verkehrsunfälle ums Leben gekommen, 34 eines natürlichen Todes gestorben, drei wurden nach behördlicher Anordnung aus dem Verkehr gezogen (Stichwort Problemwolf), bei 23 konnte die Todesursache nicht geklärt werden und 44 waren illegal erschossen worden. 44 entspricht 10 % der gesamt betrachteten Todesfälle und ist nur die Zahl jener Wölfe, die gefunden und eindeutig als illegal getötet klassifiziert wurden. Die Dunkelziffer jener, deren Überreste an der Statistik vorbei entsorgt wurden, bleibt natürlich unbekannt. Sie ist beträchtlich, denn illegale Wolfsjagd funktioniert überwiegend nach der 3-S-Methode: Schießen, schaufeln, schweigen.

Auf das mühsame Schaufeln verzichten manche Wilderer. Dann findet man die Kadaver am Straßenrand abgelegt, zu Verschleierungszwecken oft Hunderte Kilometer vom Tatort entfernt. Oder man findet sie in einem Kanal, wie einen Jungwolf aus Sachsen – mit einem Projektil im Körper und einem Draht durch eine Pfote, an dem zur Beschwerung ein Stein festgemacht war. Einiges deutet darauf hin, dass der Wolf zum Zeitpunkt der Drahtbehandlung noch am Leben war. Spätestens seit diesem Fall muss man sich im Themenkreis der illegalen Wolfsjagd auch mit dem Aspekt der Tierquälerei befassen. Schon zuvor hat man verunfallte oder natürlich verstorbene Wölfe mit Schrot im Körper gefunden. Auch das fällt juristisch unter den Tatbestand Tierquälerei.

In manchen Fällen haben die Wilderer auch ein anderes Motiv, als die in ihrem Revier unerwünschten Kreaturen aus dem Weg zu schaffen. Darauf deutet der Fall eines Wolfskadavers hin, der 2019 im österreichischen Sellraintal gefunden wurde. Ähnlich erging es der Wölfin '06, die 2012 in den USA erlegt wurde. '06 war eine besonders prachtvolle Vertreterin ihrer Art, Chefin eines großen Rudels, eine hervorragende und vielfach beobachtete Jägerin. Sie hatte das Pech, auf einem ihrer Streifzüge das Areal des streng geschützten Yellowstone-Nationalparks zu verlassen. An dessen Rand fiel sie einem Jäger zum Opfer, der nichts anderes im Sinn hatte, als seiner reichen Sammlung eine weitere Trophäe hinzuzufügen – kapitaler Wolf, leider aber die berühmteste Wölfin des Nationalparks.

Dem im Selleraintal gefundenen Wolf fehlte der Kopf – der wohl abgetrennt worden war, um hinkünftig die Trophäensammlung zu erweitern.

Tier- und Artenschützer sowie besonnene Menschen auch aus der Landwirtschaft und Jägerschaft protestieren gegen illegale Wolfstötungen seit Jahren heftig. Zahlreiche Vereinigungen wie der Naturschutzbund Deutschland, der WWF, die Gruppe Wolf Schweiz oder der österreichische Naturschutzbund setzen regelmäßig Prämien aus, um illegale Wolfswilderer aufzuspüren. Für die Identifikation und die Ergreifung der Person, die den Tod des im Kanal gefundenen Jungwolfs in Sachsen zu verantworten hat, wurden gesamt nicht weniger als 28.000 Euro ausgelobt. Der Erfolg ist gleich null. Die Regel, dass nach dem Schießen und Schaufeln geschwiegen werden soll, wird konsequent befolgt.

Um Wolfswilderer ausfindig zu machen und ihrer gerechten Strafe zuzuführen, bräuchte es offenbar größere Anstrengungen der Exekutive. Ilka Reinhardt und Gesa Kluth, die das Lupus-Institut für Wolfsmonitoring und -forschung in Sachsen gegründet haben und zu den führenden Wolfsexpertinnen in Deutschland zählen, beklagen schon in einem 2007 veröffentlichten Leitfaden für den Umgang mit dem Wolf »eine Art Laissez-faire Management« der Population durch die Behörden. Man überließe Gesetzesübertretern die Regulierung des Bestandes, statt das Problem aktiv durch taugliche Regeln und Gesetze anzugehen.

Illegale Wolfsjäger riskieren viel. In Deutschland liegt das Bußgeld zwischen 5.000 und 65.000 Euro plus Haftstrafe in besonders schweren Fällen. Dennoch bleibt die Wilderei auf Wölfe ein Problem.

Seit 2007 hat sich zwar einiges geändert, die Erfolgsquote in der Aufklärung von illegalen Wolfsabschüssen ist dennoch sehr bescheiden. Obwohl in manchen Fällen alle kriminaltechnischen Mittel zum Einsatz gebracht werden, die bei Mordverdacht an Menschen zur Aufklärung beitragen sollen – etwa die Sicherung von Fasern oder die Untersuchung von Projektilen durch einen Schusswaffenerkennungsdienst –, haben die Ermittler bisher noch keinen einzigen Täter entlarvt. In den drei Fällen, in denen Wolfstötungen gerichtlich behandelt wurden, haben sich die Täter selbst gestellt und durch Irrtum oder Notwehr gerechtfertigt.

Trotz aller Aufrufe zur kontrollierten und gesetzeskonformen Regulierung der Wolfspopulationen und aller Aktivitäten wolfsfreundlicher Organisationen zur Ausforschung der Wilderer nimmt das Ausmaß illegaler Wolfstötungen nicht ab. Ganz im Gegenteil wird das Problem mit wachsenden Wolfspopulationen größer. Und das, obwohl illegale Wolfsjäger viel riskieren. In Deutschland liegt das Bußgeld für illegale Wolfstötungen zwischen 5.000 Euro (Rheinland-Pfalz) und 65.000 Euro (Brandenburg). In den meisten Bundesländern reicht der Strafrahmen bis 50.000 Euro. In schweren Fällen kann auch eine Freiheitsstrafe bis zu fünf Jahren verhängt werden.

Die gesetzlichen Grundlagen zum Schutz der Wölfe wären zweifellos vorhanden. Was fehlt, ist die Anwendbarkeit mangels ausgeforschter Täter. Die im Übrigen dem Schutz der Nutztiere und des jagdbaren Wilds keinen guten Dienst erweisen. Wie verschiedene Forschungsergebnisse zeigen (‣ **Seite 151**), ist der Abschuss von Wölfen in nur ganz speziellen Fällen ein wirkungsvolles Mittel, um die Risse an Nutztieren zu verringern und den Druck von potenziellen Beutetieren der Wölfe zu nehmen. Durch den unbedachten Eingriff in Wolfspopulationen können ganz im Gegenteil negative Effekte eintreten. Wenn beispielsweise das Elterntier eines Rudels erlegt wird und das Rudel daraufhin in einzelgängerische Wölfe zerbricht. Diese nämlich sind deutlich problematischer und verursachen signifikant mehr Schäden an Nutztieren als Wölfe, die in intakten Familienverbänden leben.

Die Statistik der Deutschen Dokumentations- und Beratungsstelle zum Thema Wolf macht deutlich: Illegalen Tötungen fallen Wölfe sehr häufig zum Opfer.

33 Totfunde von Wölfen in Deutschland 2015

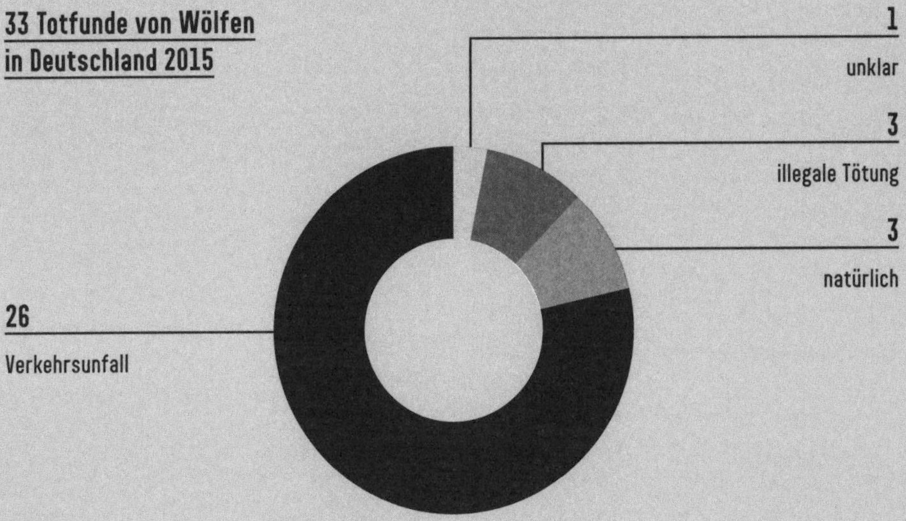

46 Totfunde von Wölfen in Deutschland 2016

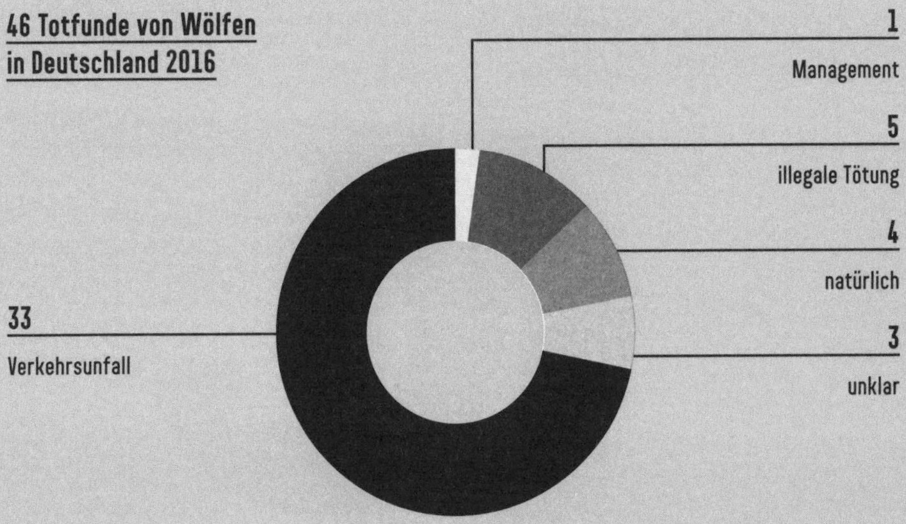

Mehr Wölfe bedeutet mehr Wölfe, die keines natürlichen Todes sterben. Hauptursachen sind Verkehrsunfälle und illegale Tötungen.

51 Totfunde von Wölfen in Deutschland 2017

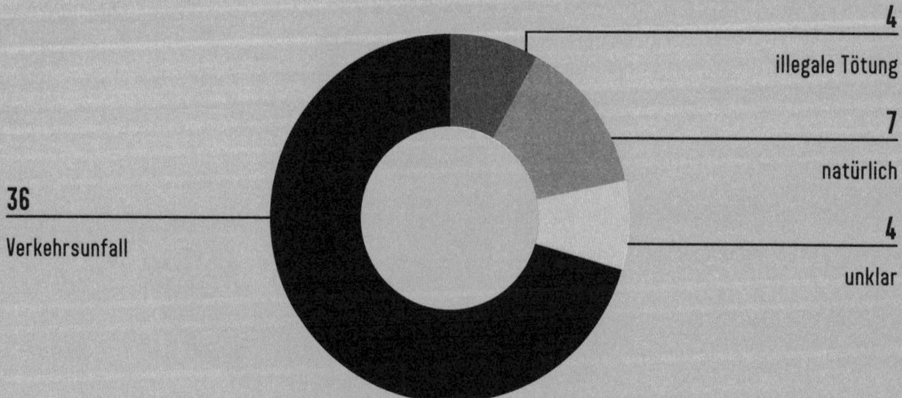

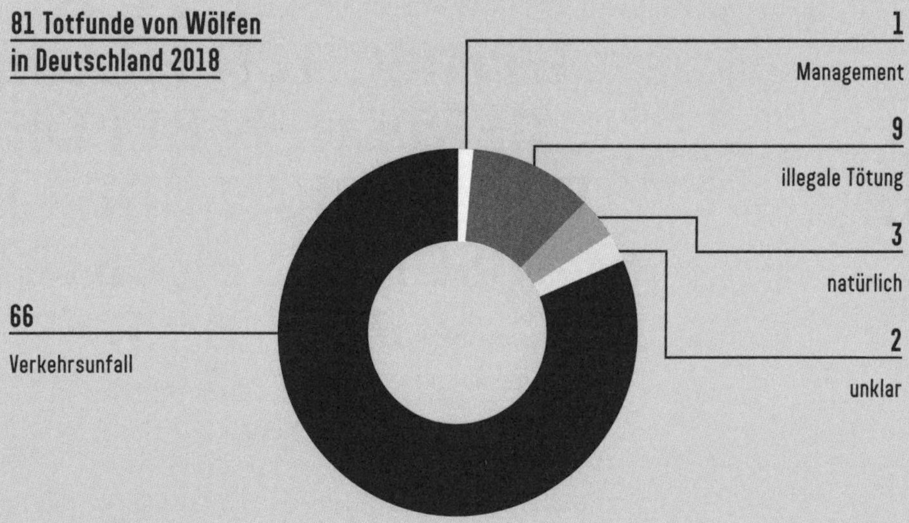

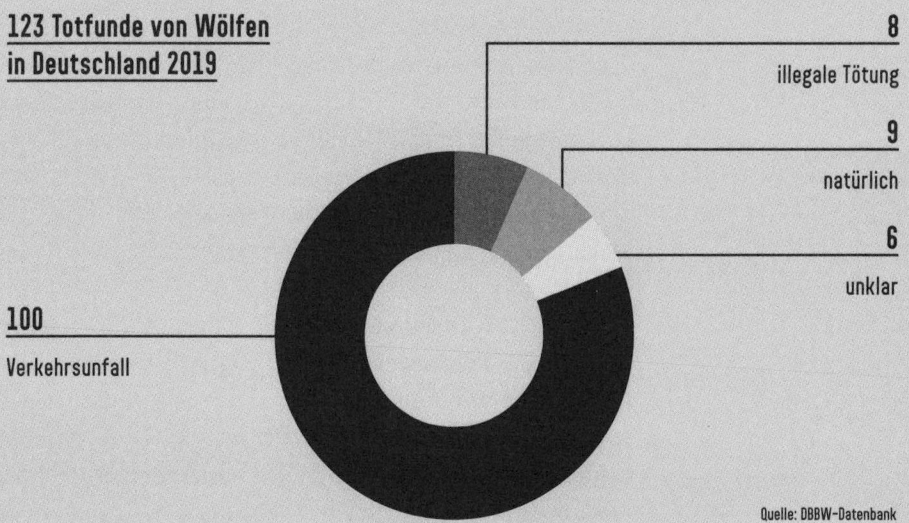

Quelle: DBBW-Datenbank

Über das Recht der Schwächeren

28 WELCHE TIERETHISCHEN FRAGEN BESTEHEN BEI DER DISKUSSION ÜBER DIE ABSCHUSSFREIGABE VON WÖLFEN?

Im Kern geht es um die Frage, ob der Mensch das Recht hat, die Interessen empfindungsfähiger Tiere zu missachten. Und das betrifft nicht nur die der Wölfe.

Seit der Antike beschäftigt sich die Ethik mit der Frage nach dem moralischen Wert von Handlungen. Doch obwohl sich in den Jahrhunderten zahlreiche Bereichsethiken entwickelt haben, die sich gezielt mit den ethischen Implikationen einer bestimmten Problemstellung auseinandersetzen, herrscht auch heute noch Uneinigkeit über das Kriterium, nach dem bestimmt werden soll, ob eine Handlung moralisch richtig oder falsch ist. In der Tierethik, eine Teildisziplin der Bioethik, leitet sich aus diesen anhaltenden Diskussionen die fundamentale Frage ab, wie sich der Mensch gegenüber anderen, nicht-menschlichen Tieren verhalten muss. Anders formuliert: Was dürfen wir mit Tieren tun und was nicht?

Aus dieser Diskussion hat sich in Europa die heute weit verbreitete Idee des Tierschutzes etabliert. Dieser hat zum Ziel, Tiere vor Angst, Leiden und unnötigen Schmerzen zu bewahren. Das Töten selbst widerspricht nicht dem Tierschutz, solange der Tod »human« herbeigeführt wird und ein sogenannter »vernünftiger Grund« vorliegt. In unserer Kultur ist ein solcher vernünftiger Grund zum Beispiel das

Essen von Fleisch. Es ist demnach moralisch nicht verwerflich, Tiere zu töten, um sie zu essen. Aber Moral ist nicht statisch und ändert sich mit den sich wandelnden Wertvorstellungen – wenn auch nur langsam.

Was heißt dies nun für die »Entnahme« von Wölfen? Genügen wirtschaftliche Interessen der Nutztierhalter oder Tierschutzargumente von Schafsfreunden den Ansprüchen an einen vernünftigen Grund? Abschuss ist sicherlich nicht die einzige Möglichkeit, Nutztiere vor Wolfsangriffen zu schützen (▸ **Seite 54**). Das Töten eines Wolfes kann aber *ultima ratio*, also letztmöglicher Weg sein, wenn es in einer Situation das »gelindeste Mittel« ist, also jenes, das ein Problem mit dem geringstmöglichen Schaden für alle löst.

Das Töten von Wölfen kann sogar human erfolgen, denn die Kugel, die einen Problemwolf in die ewigen Jagdgründe schickt, fliegt schneller als der Schall. Der Wolf hört also den Schuss, der ihn tötet, demnach nicht einmal. Angst bleibt somit aus, Leiden und Schmerzen sind bei einem sauberen Treffer ebenfalls vernachlässigbar. Natürlich ist dies eine theoretische Annahme, die in der Praxis nicht immer erreicht werden kann.

Im Gegensatz zum Tierschutz geht die Tierrechtsbewegung aber noch einen Schritt weiter. Der Tod eines Tieres ist aus diesem Blickwinkel abzulehnen, weil der Mensch dem Tier die Zukunft raubt. Tiere sind also nach dieser Lehre dem Menschen in seinem Lebensrecht gleichgestellt und wirtschaftliche Interessen der Nutztierhalter wiegen nicht schwerer als das Interesse des Tieres, zu überleben (und sich weiter fortzupflanzen). Aber auch hier bestätigen die Ausnahmen die Regel. Nach der Logik der Tierrechtsbewegung darf ein Mensch einen Wolf töten, wenn der Mensch durch den Wolf unmittelbar bedroht ist (Notwehr), wenn ein Wolf nach einem Verkehrsunfall so schwer verletzt wurde, dass er nicht gerettet werden kann (Notstand), wenn ein Wolf durch eine Verletzung oder Krankheit so sehr leidet, dass sein Wohlbefinden durch große Schmerzen eingeschränkt ist oder wenn es übergeordnete Interessen gibt (z. B. Erhaltung von bedrohten Tierarten).

Tierschutz, Tierrechtsbewegung und Wolfsmanagement unterscheiden sich im Detail, haben aber auch große Schnittmengen, die Grenzen sind also fließend. Nach wie vor ist jede behördlich angeordnete Wolfstötung eine Einzelfallentscheidung, solange die Dichten noch so gering sind wie heute und die geltenden Rechtsmaterien berücksichtigt werden.

Jedenfalls lohnt sich die Auseinandersetzung mit diesen verschiedenen Blickwinkeln zur Mensch-Tier-Beziehung. Bei vielem von dem, was uns selbstverständlich ist, macht es Sinn zu hinterfragen. Wenn Schafhaltung in Wolfsgebieten unmöglich ist, was ist dann zu tun? Wölfe töten oder Schafhaltung aufgeben? Was wiegt schwerer: das Lebensrecht des Wolfes oder die wirtschaftlichen Interessen eines Bauern? Und welches Recht auf Schutz vor Wölfen haben Schafe und Rinder? Letztendlich lohnt sich die Auseinandersetzung mit diesen und ähnlichen Fragen, weil sie uns zum Kern eines weitaus gewichtigeren Problems führen: Ist der Fleischkonsum unserer Gesellschaft nach wie vor ein vernünftiger Grund? Nicht nur Tierschützer, sondern auch Humanmediziner würden diese Frage mit Nein beantworten, denn wir produzieren und konsumieren mehr Fleisch als notwendig und gesund ist. Ganze 64 kg Fleisch verzehrt ein Mensch pro Jahr in Österreich (Stand 2018), also bis zu dreimal mehr als medizinisch ratsam. Wenn wir Massentierhaltung aufgeben und Biofleisch aus Wolfsgebieten mit realistischen Preisen produzieren, wäre vielen geholfen: Bauern, Wölfen und Nutztieren.

Die Ethik der Mensch-Tier-Beziehung wird uns nichts vorgeben, sondern sie ergibt sich aus dem Diskussionsprozess in der Gesellschaft. Daraus leitet sich unsere Moral im Umgang mit Tieren, Wölfen und Nutztieren ab. Es liegt an uns, ob wir unseren eigenen Ansprüchen gerecht werden und alle empfindungsfähigen Tiere als »Mitgeschöpfe« akzeptieren und auch als solche behandeln.

Moral

Die Gesamtheit der gegenwärtig geltenden Werte, Normen und Tugenden.

Ethik

Die Lehre vom sittlichen Verhalten der Menschen. Bereich der Philosophie, der sich mit den Voraussetzungen und der Bewertung menschlichen Handelns befasst.

Was wiegt schwerer: das Lebensrecht des Wolfes oder die wirtschaftlichen Interessen eines Bauern? Welches Recht auf Schutz vor Wölfen haben Schafe und Rinder?

29

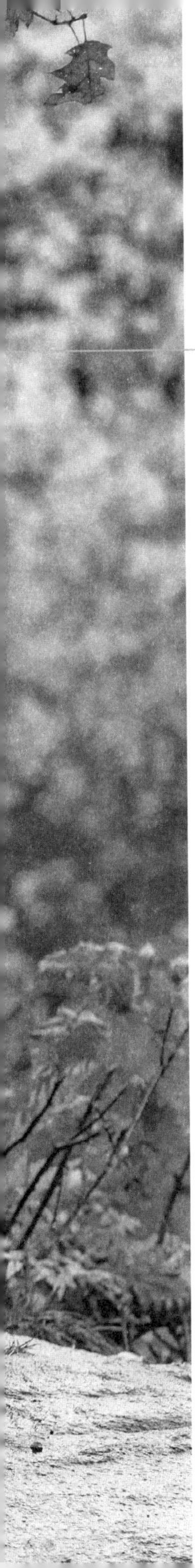

WOVON ERNÄHREN SICH DIE WÖLFE?

Was sie leicht bekommen können, sehr überwiegend von Fleisch und in Zentraleuropa am liebsten von Rehen.

Das Wort vom »Wolfshunger« kommt nicht von ungefähr, denn Wölfe haben einen beträchtlichen Energiebedarf. Dieser resultiert aus ihrer athletisch anspruchsvollen Lebensweise und einem Verdauungsapparat, der die Nahrung zwar rasch, aber nicht sehr gründlich verarbeitet. Bei einem durchschnittlichen Körpergewicht von 30 bis 50 kg benötigt der in Europa am häufigsten vertretene Eurasische oder Graue Wolf 3 bis 5 kg Fleisch täglich. Das summiert sich auf einen Jahresbedarf von etwa 1.500 kg. Umgelegt auf Wildtiere entspricht das 130 Rehen oder 35 Stück Rothirschen oder 25 ausgewachsenen Wildschweinen. Alternativ könnte es auch eine Herde Schafe oder Ziegen sein.

Wovon sich Wölfe ernähren, liegt weniger an ihrer Fähigkeit, bestimmte Tiere zu überwältigen, und schon gar nicht an ihrer kulinarischen Neigung. Es hängt ausschließlich davon ab, was ihr Revier hergibt. Denn Wölfe sind Nahrungsopportunisten, sie nehmen, was geboten wird.

Im Gegensatz zu einigen anderen Karnivoren (so nennt man wissenschaftlich Fleischfresser) sind sie nicht auf bestimmte Beutetiere spezialisiert. Wölfe reißen, was sie leicht erwischen und töten können. Dennoch konnte man eine gewisse Spezialisierung beobachten, die aus der individuellen Erfahrung bestimmter Wölfe resultiert. Haben Wölfe beispielsweise gelernt, dass sie Wildschweine leicht finden und überwältigen können, werden sie sich in neuen Habitaten zuerst nach Wildschweinen umsehen.

Ob Wölfe bevorzugt Wildschweine, Rehe oder Rothirsche jagen, ist für Menschen eher unbedeutend. Problematisch sind Wölfe, die es vorzugsweise auf Schafe, Ziegen oder andere Nutztiere abgesehen haben.

Wie deutlich die Zusammensetzung der Wolfsnahrung vom Habitat der Wölfe abhängt, zeigen zahlreiche Studien eindrucksvoll. So hat das Senckenberg-Forschungsinstitut in Görlitz über einen Zeitraum von zehn Jahren mehr als 2.000 Kotproben von Wölfen aus der Lausitz untersucht und aus den unverdauten Resten ein genaues Bild von deren Diät erstellt. Zu mehr als 96 % decken die Lausitzer Wölfe demnach ihren Energiebedarf durch den Verzehr von wilden Paarhufern. Mit mehr als 50 % waren das überwiegend Rehe, gefolgt von etwa 25 % Rothirschen und 16 % Wildschweinen. Nutztiere machten weniger als 1 % der Beute aus. Auch hier gilt es, Angebot und Nachfrage zu vergleichen. Wenn Nutztiere selten sind, werden sie von einem Opportunisten wie dem Wolf auch nur selten gefressen.

Zu einem ganz anderen Ergebnis kam daher eine 2013 in der türkischen Provinz Kars erstellte Studie. Große Wildtiere wie Rehe und Wildschweine sind in diesem Gebiet selten, dafür werden etwa 850.000 Weidetiere wie Rinder, Schafe und Ziegen gehalten. Zudem sind kleine Säugetiere reichlich vorhanden.

Die Analyse von 72 Kotproben ergab, dass sich die Wölfe unter diesen Bedingungen und im Zeitraum der Untersuchung (Frühling) hauptsächlich von Eichhörnchen ernährten, knapp gefolgt von Rindern. Der Anteil dieser beiden Arten in der Wolfsdiät lag bei jeweils 19 %. Rechnet man die gerissenen Schafe und Ziegen zu den Rindern, deckten die Wölfe nicht weniger als 40 % ihres Energiebedarfs durch den Verzehr von Weidetieren.

Die ungewöhnliche Diät aus kleinen Säugetieren (auch ein beträchtlicher Anteil an Nagetieren) und Weidetieren wird von den Wissenschaftlern auf das fast völlige Fehlen von großen Wildtieren in dieser Region zurückgeführt. Um die aus den Nutztierverlusten resultierenden Konflikte zu reduzieren, empfehlen die Wissenschaftler die Wiederansiedlung von Rothirschen und anderen Paarhufern in der Provinz.

Eine Studie über die Ernährung von Wölfen in Ligurien wurde zwischen 2008 und 2013 durchgeführt. Die Analyse von nicht weniger als 1.457 Kotproben ergab, dass die ligurischen Wölfe zu etwa zwei Drittel wilde Paarhufer (besonders Rehe und Wildschweine) und zu etwa 26 % Weidetiere (überwiegend Ziegen) konsumierten. Auch hier sind die bevorzugten Beutetiere ein Spiegel der in Ligurien reichlich vorkommenden Wild- und Weidetiere.

In der türkischen Provinz Kars zeigt sich: Wo die großen Paarhufer wie Rothirsch und Reh fehlen, vergreifen sich Wölfe besonders häufig an Weidetieren.

Bemerkenswert ist die Erkenntnis der ligurischen Studie, dass über die jahreszeitlichen Schwankungen hinaus auch andere Faktoren maßgeblichen Einfluss auf die Neigung der Wölfe zum Töten von Weidetieren haben. Im Rudel lebende Wölfe zeigen weniger Ambitionen, Ziegen und Schafe anzugreifen als vereinzelt lebende Wölfe.

In diesem Befund sehen die Verfasser der Arbeit einen Weg, wie die Zahl der Nutztierverluste durch Wolfsrisse reduziert werden könnte. Da Wolfsrudel weniger Schäden in der Tierhaltung anrichten als Einzelwölfe und Rudel keine fremden Wölfe in ihrem Territorium dulden, sollte – so die Autoren – die Bildung von Wolfsrudeln gefördert werden. Das wäre vor allem durch die konsequente Bekämpfung von Wilderei zu bewerkstelligen, da Abschüsse von Wölfen häufig die Ursache für das Zerfallen von Rudeln sind oder verhindern, dass sich Rudel bilden können.

Ob in Gebieten mit Problemwölfen das Ansinnen, noch mehr Wölfe sesshaft zu machen, den betroffenen Nutztierhaltern vermittelbar wäre, muss allerdings bezweifelt werden.

Frage zur Bevölkerungsdichte

30 WIE VIELE WÖLFE VERTRÄGT DAS LAND?

Rein rechnerisch: Sehr viele. Die Frage ist allerdings auch: Wie viele Wölfe wollen und können wir tolerieren?

Wolf oder nicht Wolf, das ist hier die Frage. Mit »hier« sind jene Länder und Regionen gemeint, in denen Wölfe selten auftreten oder erst in jüngster Vergangenheit wieder heimisch geworden sind. In Österreich vor allem, aber auch in Deutschland und der Schweiz.

Wo hingegen Wölfe in verhältnismäßig großer Zahl präsent sind und nie wirklich ausgerottet waren – etwa in den Balkan- und Karpatenländern, in Polen und Russland, im Apennin und auf der Iberischen Halbinsel – wird die Frage viel seltener gestellt. Weil dort der Umgang mit Wölfen geübt ist und man sich um die grauen Wanderer vergleichsweise wenig kümmert.

Die gesetzlichen Regeln (‣ Seite 36) sprechen derzeit unmissverständlich für die Existenzberechtigung des Wolfs auch in Gebieten, in denen ihn viele Menschen eigentlich nicht haben wollen. Dort fragt man sich dann: Wie viele Wölfe verträgt das Land (denn noch)?

Für Nicola Georgy war diese Frage Gegenstand einer wissenschaftlichen Untersuchung. 2011 hat sie an der Universität für Bodenkultur Wien eine Masterarbeit mit dem Titel »Habitateignung und Management für den Wolf in Österreich« vorgelegt.

Als für den Wolf geeignete und konfliktarme Lebensräume erkennt Georgy darin die Region entlang des Alpenhauptkammes. Als ungeeignete, weil konfliktträchtige Gebiete zeigen sich Ober- und Niederösterreich und damit genau jene Lebensräume, in denen die drei in Österreich aktuell beobachteten oder vermuteten Wolfsrudel heimisch sind.

Aufgrund der Nahrungsverfügbarkeit, errechnete die Wildbiologin, wäre der Lebensraum in Österreich für maximal 1.381 Wölfe geeignet – was einer Wolfsdichte von 16,5 Wölfen pro 1000 km² entspräche. Die Wolfsverträglichkeit des Landes wird allerdings erheblich vermindert, wenn man Regionen herausrechnet, in denen die Koexistenz von Mensch und Wolf nicht klappen kann – etwa urbane oder für den Tourismus stark genutzte Gebiete und solche, in denen eine erhebliche Wolfspräsenz zu massiven Konflikten mit Nutztierhaltern führen müsste. Das berücksichtigend kommt Georgy zum Ergebnis, dass etwa 660 Wölfe ein »realistisches und tragbares Maß« für Österreich wären.

Ähnliche Modellberechnungen wurden auch in der Schweiz und in Deutschland durchgeführt, und zwar mit deutlich unterschiedlichen Ergebnissen. Tobias Herrmann hat (wie Georgy 2011) an der Universität Eberswalde eine Masterarbeit zu den möglichen Lebensräumen von Wölfen in der Schweiz veröffentlicht und kommt darin auf eine maximale Tragfähigkeit der Schweiz von 150 bis 200 Wölfen.

Dominik Fechter und Ilse Storch von der Universität Freiburg haben dergleichen Berechnungen im Jahr 2014 für Deutschland angestellt und kommen auf 154 bis 1.796 mögliche Rudel oder 616 bis 8.845 Wölfe auf deutschem Bundesgebiet.

Die gravierenden Diskrepanzen und die große Bandbreite der Schätzungen sind auf die unterschiedliche Topographie, Nutzung und Besiedlung der untersuchten Länder, auf unterschiedliche Berechnungsmodelle und Ausgangsdaten sowie eine erhebliche Zahl an Unsicherheitsfaktoren zurückzuführen.

Eine Schätzung, wann die Sättigung der Habitate durch Wölfe eintreten wird und ob es jemals dazu kommt, ist seriös nicht möglich. Gewiss ist nur, dass bei gleichbleibenden gesetzlichen Rahmenbedingungen – sprich: rigoroser Schutz und nur ausnahmsweise Entnahmen von Problemwölfen – die Wolfspopulationen wachsen werden. Aus Deutschland hat man bereits eindeutige Erfahrungen: Dort wurde im Jahr 2000 das erste reproduzierende Wolfspaar registriert, Stand 2019 hatten die Wolfsbeobachter bereits 105 Rudel auf ihrem Radar.

Die zu erwartende Wolfsvermehrung basiert dabei nicht nur auf der Reproduktion der sesshaften Paare, sondern sehr wesentlich auch auf Zuwanderung. In Österreich wird diese voraussichtlich besonders markant ausfallen, denn Österreich ist von Ländern mit starken Wolfspopulationen umgeben, bietet Wölfen einen hervorragenden Lebensraum und ist Stand 2020 noch weitestgehend wolfsfrei. Da Wölfe auf der Suche nach Geschlechtspartnern und günstigen Territorien sehr weit wandern – Wanderungen von 1.000 km und mehr sind dokumentiert – ist davon auszugehen, dass Jungwölfe der Westalpenpopulation, vom Balkan und den Karpaten, aus Mitteldeutschland und Polen ihren Weg nach Österreich finden und sich hier neue Rudel etablieren werden.

Wie dynamisch dieser Prozess verläuft und wie sich die diversen Mortalitätsfaktoren – von Verlusten durch den Straßenverkehr bis zur illegalen Tötung (▸ **Seite 161–163**) – auswirken werden, lässt sich nicht prognostizieren. Entsprechend vage sind die Schätzungen, wie viele Wölfe in 15 Jahren in Österreich leben werden. Es könnten 500, aber auch nur 50 sein.

»Wir brauchen beim Wolf eine wildökologische Planung auf europäischer Ebene.«

Josef Zandl, Betriebsleiter Gut Fischhorn, Salzburg

Bevölkerungswachstum

Die Populationsentwicklung der Wölfe in Deutschland zeigt: Sie sind da, und sie werden beständig mehr.

Quelle: dbb-wolf.de, wolfsmonitoring.com, lausitz-wolf.de. Berechnung von Anika Börries, Datengrundlage ab 2018/19 unvollständig.

Wolfsterritorien (Rudel und Paare) in Deutschland und Trendberechnung

Von null auf eine Viertelmillion

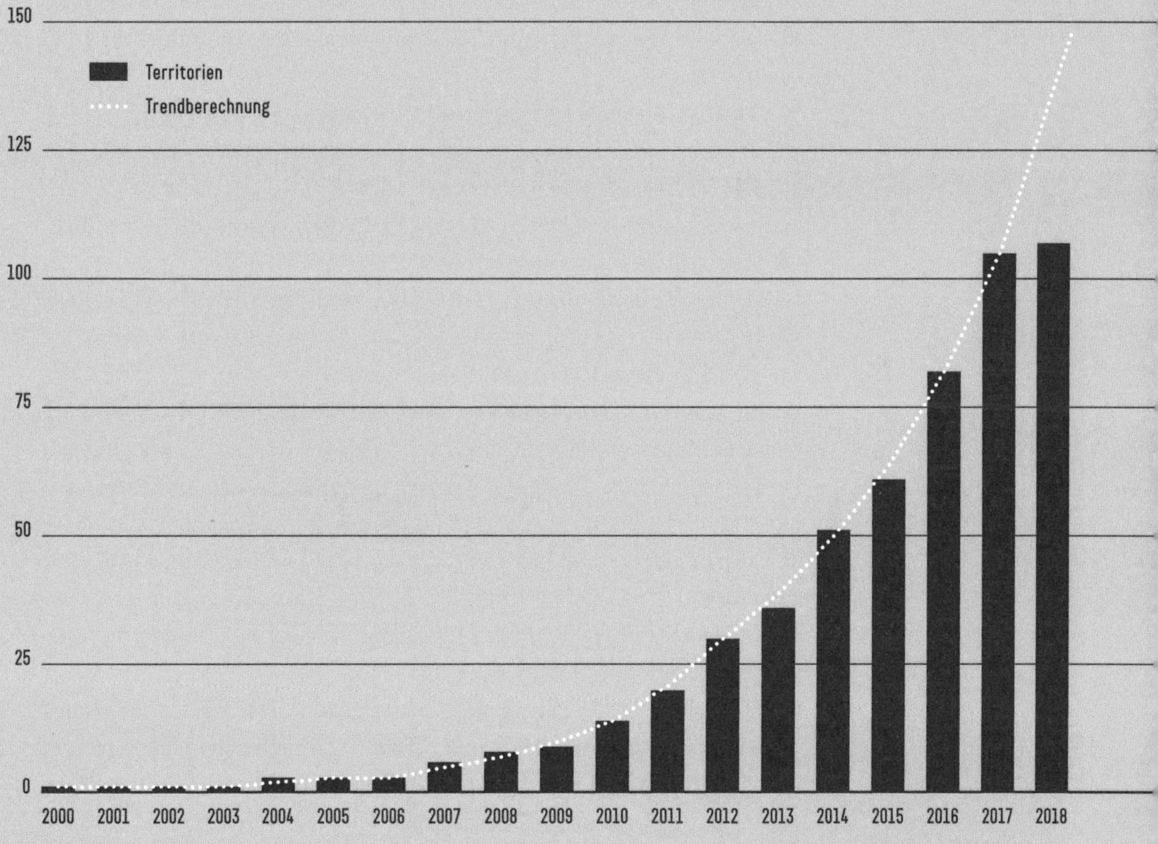

Wenn sie so große Probleme machen

31 WIE WERDEN WIR DIE WÖLFE WIEDER LOS?

Allenfalls mit radikalen Methoden, denn wo Wölfe ausreichend Nahrung finden und Deckung haben, werden sie ihr Territorium nur unter höchstem Druck verlassen.

Ein solcher Druck kann vor allem durch Bejagung aufgebaut werden. Aktuell allerdings scheitert druckvolle Bejagung zumindest an zwei Umständen:

Erstens am gesetzlichen Schutz, unter dem Wölfe stehen.

Zweitens am Aufwand, den die Wolfsjagd erfordert.

Die Motive und Reichweite des Wolfsschutzes sind an anderer Stelle dieses Buches beschrieben (▸ Seite 85, 100, 105). Die gesetzlichen Rahmenbedingungen können sich natürlich ändern, wenn der politische Wille entsprechend formuliert und umgesetzt wird. Die Tatsache, dass Wölfe äußerst schwierig zu bejagen sind, bleibt davon unberührt.

Die Schwierigkeit der Wolfsjagd resultiert vor allem daraus, dass Wölfe äußerst gelehrige Tiere sind. Wo sie schlechte Erfahrungen gemacht haben, meiden sie die entsprechenden Räume. Wenn man also in »Friedenszeiten«, in denen Wölfe unter Schutz stehen und Menschen nicht zu fürchten brauchen, da und dort Wölfe beobachten, ihre Rendezvousplätze herausfinden und ihr Verhalten antizipieren kann, wird sich das durch jagdliche Aktivitäten ändern. Die ohnehin scheuen Wölfe werden für die Jäger von der Bildfläche verschwinden und ihre Aktivitäten völlig in die Nacht verlegen.

Wolfsjagd in der Dunkelheit ist nahezu aussichtslos. Um damit markante Bestandsreduktionen zu erzielen, bräuchte man eine Vielzahl von Jägerinnen und Jägern, die mit Nachtsichtgeräten unzählige Stunden auf Wölfe ansitzen müssten. Jagd mit Nachtsichtgeräten ist derzeit in Österreich nur in Ausnahmesituationen erlaubt und wird unabhängig davon für Wölfe auch durch die Fauna-Flora-Habitat-Richtlinie (▸ **Seite 36**) untersagt.

Dass ein Heer an Wolfsjägerinnen und -jägern aus der bestehenden Jagdgesellschaft requiriert werden könnte, ist illusorisch. Die Jagd auf alt bekannte Beutegreifer wird von zahlreichen Jägerinnen und -jägern zwar pflichtbewusst ausgeführt, um bestimmte Wildtierarten vor dem Druck diverser Prädatoren (»Raubtiere«) zu schützen; Füchse und Marder etwa müssen in ihrem Bestand reduziert werden, damit Bodenbrüter wie das Birk- und Auerwild Überlebenschancen behalten. Besondere Freude macht die Jagd auf Räuber den meisten Jägerinnen und Jägern aber nicht. Dass sie einem Aufruf zur Wolfsjagd in großer Zahl begeistert folgen würden, ist eher auszuschließen. Weidmänner und -frauen wollen jagen gehen und Beute machen, keine Wildtiermanager spielen.

Wenn die Wolfsjagd erfolgreich und das Mittel dazu sein soll, Wölfe aus bestimmten Regionen nachhaltig zu vertreiben, dürfte sie also nicht der bestehenden Jagdgesellschaft überantwortet, sondern in das Pflichtenheft von Berufsjägern geschrieben werden. Berufsjäger in entsprechender Zahl gibt es derzeit aber nicht. Die Schaffung entsprechender Planstellen wäre mit erheblichen Kosten verbunden. Eine mehrheitsfähige Organisation öffentlich finanzierter Wolfsjagd ist schwer vorstellbar.

In der Schweiz, wo die Wolfsbestände fallweise reguliert werden, ließ sich 2019 beobachten, wie schwierig die jagdliche Reduktion von Wolfsbeständen sein kann. Nachdem am Piz Beverin ein Wolfsrudel 15 Ziegen aus einer geschützten Herde gerissen hatte, wurde dieses als »problematisch« eingestuft und zwecks Abschreckung die Reduktion des Rudels amtlich angeordnet. Von den neun Jungtieren des Familienverbands sollten vier erlegt werden. Zwei Jungwölfe konnten bald danach zur Strecke gebracht werden. Seither blieb die Jagd auf die Wölfe am Piz Beverin erfolglos, weil die Tiere einfach nicht mehr aufzuspüren sind. In Bezug auf eine »Umerziehung« aber ein Erfolg (▸ **siehe Seite 136**).

Dass Wolfsrudel von der Bildfläche verschwinden, ist keine Seltenheit. Bejagung ist eine der möglichen Ursachen, aber nicht die einzige. In Österreich waren 2018 drei Wolfsrudel registriert. 2019 war nur noch eines, das Allentsteiger-Rudel, amtsbekannt. Warum sich die beiden anderen der Beobachtung entziehen, weiß man noch nicht und wird es

Tagaktiv

Wo Wölfe nicht verfolgt werden, kann man sie fallweise auch bei Tag beobachten (Bild vom österreichischen Rudel in Allentsteig). Werden sie gejagt, kann man sie nur noch sehr schwer aufspüren.

Besondere Freude macht die Jagd auf Räuber den meisten Jägerinnen und Jägern nicht. Dass sie einem Aufruf zur Wolfsjagd in großer Zahl begeistert folgen würden, ist eher auszuschließen.

möglicherweise auch nicht herausfinden. Aus wildbiologischer Sicht ist lediglich auszuschließen, dass diese Rudel ihre Habitate bei Litschau und Freiwald (beide im nördlichen Niederösterreich, nahe der Grenze zu Tschechien) grundlos aufgegeben haben und weiter gewandert sind. Eine mögliche Erklärung für das Verschwinden dieser Wölfe vom Radar der Beobachter besteht darin, dass diese Rudel unauffällig leben und daher keine neuen Berichte über ihre Aktivitäten an die Behörden und Medien gelangen. Auch Krankheiten oder Unfälle könnten die Ursache für das Verschwinden dieser Rudel sein. Zuletzt ist auch denkbar, dass Wölfe dieser Rudel einer illegalen Bejagung zum Opfer gefallen sind. Das Schicksal der Wölfe in den vormals bekannten Territorien bleibt nach wie vor im Dunkeln.

32

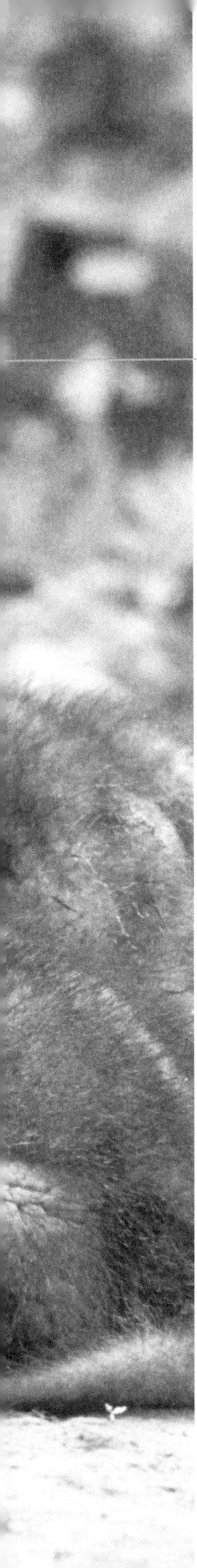

WIE KÖNNTE DER SCHUTZ DER WÖLFE MODIFIZIERT WERDEN, DAMIT ALLE ZUFRIEDEN SIND?

Zurzeit gar nicht. Die Auffassungsunterschiede zwischen Wolfsschützern und vom Wolf geschädigten Nutztierhaltern, zwischen Naturromantikern und geängstigten Bewohnern von Wolfsgebieten sind groß. Jede Art von Wolfsmanagement kann daher nur ein Kompromiss sein.

Wo Wölfe Schaden anrichten oder Furcht verbreiten, wird rasch der Ruf nach Vertreibung und Bejagung, Dezimierung und Ausrottung laut. Gern mit dem Argument: Der Wolf gehört nicht hierher.

Wo etwas hingehört, lässt sich nur in wenigen Fällen objektiv feststellen. In diesem jedenfalls nicht. Historisch betrachtet, gehört der Wolf selbstverständlich nach Mitteleuropa. Die natürlichen Existenzgrundlagen (▸ **Seite 42**) für Wölfe sind hier ohne Zweifel gegeben. Diskutieren kann man allenfalls darüber, ob die Existenz von Wölfen in einem dicht besiedelten Raum mit den wirtschaftlichen Interessen und dem Schutzbedürfnis der Menschen vereinbar ist. Die Forderung »Wölfe weg« ist einfach zu erheben, der Weg dahin wäre aber reichlich kompliziert. Das liegt vor allem an Gesetzen.

Wölfe stehen in den meisten Staaten der EU unter Artenschutz (▸ **Seite 36**). In Sachen Artenschutz sind die Mitgliedsstaaten der Europäischen Gemeinschaft nicht souverän. Sie sind an gemeinschaftliche und noch weiter reichende Verträge gebunden.

»Wolfsmanagement bedeutet nicht nur Abschüsse, sondern immer auch Herdenschutz für Nutztiere und Informationen für Menschen.«

David Gerke, Präsident »Gruppe Wolf Schweiz«

Am Beispiel Österreich lassen sich die Hürden der Rechtslage schön illustrieren. Im Gegensatz zu Deutschland, Frankreich oder Italien sind Wölfe hier recht neu. Es wird daher aktuell nach einer rechtskonformen Art von Wolfsmanagement gesucht – mit allen Diskussionen über die Sinnhaftigkeit bestehender Regeln, welchen Spielraum diese bieten und wie man sie ändern könnte.

Ein Hemmnis beim Zugriff auf die Wölfe bildet die Fauna-Flora-Habitat-Richtlinie der Europäischen Gemeinschaft (▸ Seite 36), die Österreich mit dem Beitritt zur EU ratifiziert hat. Die Unterschriften wurden in einer Zeit geleistet, als auf österreichischem Bundesgebiet von Wölfen noch keine Spur war. Es fiel den Verantwortlichen vermutlich leicht, die Republik zum Schutz von Tieren zu verpflichten, die nicht im eigenen Haus, sondern allenfalls bei den Nachbarn Probleme machen können.

Die Berner Konvention »über die Erhaltung der europäischen wild lebenden Pflanzen und Tiere und ihrer natürlichen Lebensräume« hat Österreich bereits 1983, ebenfalls zu wolfsfreier Zeit, ratifiziert.

Seit wenigen Jahren machen Wölfe auch in Österreich Probleme, womit die vertraglichen Verpflichtungen zum Problem werden. Die Wölfe einfach zum jagdbaren Wild zu erklären und auf einen für Nutztierhalter und Jagdwirtschaft erträglichen Bestand zu reduzieren geht nicht. Man muss nach einem Umgang mit den Wölfen suchen, den die aktuelle Gesetzeslage zulässt. Oder man muss die Gesetze ändern.

In einer von Experten der Universität für Bodenkultur Wien erstellten gutachterlichen Stellungnahme zur Wolfsproblematik in Österreich skizzieren die Autoren, wie es gehen könnte – A: Effektives Wolfsmanagement in der bestehenden Rechtslage unterzubringen; oder B: Die Gesetze so zu modifizieren, dass effektives Wolfsmanagement möglich wird.

Vorab kommen die Autoren zu dem Schluss, dass eine »wildökologische Raumplanung« aus rechtlichen Gründen momentan nicht möglich ist. Unter wildökologischer Raumplanung versteht man Konzepte, in denen Wildtieren geeignete Lebensräume zugewiesen oder für sie geschaffen werden. Beim Wolf würde eine solche Planung die Frage beantworten, wo er hingehört und wo nicht. Für die Umsetzung eines solchen wildökologischen Planes müsste man die Wölfe freilich dazu bewegen, in den ihnen zugeteilten Räumen zu bleiben. Freiwillig tun sie das nicht, weil Wölfe wandern. In Gehege stecken kann man sie nicht, weil man laut Berner Konvention geschützte Tiere nicht fangen darf. Vergrämen – etwa durch Gummigeschoße – darf man sie auch nicht, weil die Berner Konvention das mutwillige Beunruhigen von geschützten Tieren verbietet.

Die wildökologische Raumplanung kennt neben Kernzonen, in denen die betreffende Wildart geduldet wird, auch Randzonen und Freihaltezonen. Letztere sind Gebiete mit hohem Konfliktpotenzial, in denen man verhindern möchte, dass sich Wölfe wohlfühlen und Rudel etablieren. Sie sind jedoch niemals wolfsfreie Zonen, da ja immer wieder Einzeltiere ein- bzw. durchwandern können (▸ **siehe Seite 42**). Daher ist auch in Freihaltezonen Herdenschutz erforderlich.

So einfach lassen sich also Wölfe nicht verplanen. Einen gewissen Spielraum für die Einwirkung auf Wölfe ist in den Gesetzen aber doch vorgesehen. Artikel 16 der Fauna-Flora-Habitat-Richtlinie erlaubt zum Beispiel unter bestimmten Voraussetzungen – Verhütung von Schäden an Kulturen, öffentliche Sicherheit, überwiegende öffentliche Interessen – Eingriffe in die Populationen auch streng geschützter Tiere. Die Berner Konvention sieht in ihrem Artikel 9 Ausnahmen vom rigorosen Schutz vor, nämlich zur Abwendung ernster Schäden und im Interesse der öffentlichen Gesundheit und Sicherheit. Jedoch nur dann, wenn keine andere befriedigende Lösung besteht und die ausnahmsweise getroffenen Maßnahmen dem Bestand der davon betroffenen Population nicht schaden.

Im Gegensatz zu Deutschland, wo jedes Ansinnen zur Regulierung des Wolfsbestands bisher enorme Diskussionen und lange Wege durch die Instanzen nach sich gezogen hat und erst 2019 im Bundestag ein Gesetz verabschiedet wurde, mit dem die Entnahme von Wölfen einigermaßen praktikabel werden soll, betreibt man in der Schweiz die Rechtsauslegung seit zwei Jahrzehnten relativ pragmatisch. Dort ist der Beschluss von Maßnahmen zur Bestandsregulierung von Wölfen – in der Regel handelt es sich dabei um Abschussfreigaben von sogenannten Problemwölfen – Sache der einzelnen Kantone. Entsprechend unterschiedlich wird der in den Gesetzen steckende Ermessensspielraum genutzt. In Graubünden ordnete die Behörde beispielsweise Ende 2019 den Abschuss von vier Jungwölfen aus dem sogenannten »Beverin-Rudel« an, weil dieses 15 Ziegen aus geschützten Herden gerissen hatte. Die Entscheidungsträger sahen darin inakzeptable Schäden an Kulturen und die Beeinträchtigung öffentlicher Interessen. In anderen Kantonen ist man weit zurückhaltender mit Abschussgenehmigungen, obwohl dort vergleichbare Wolfsschäden zu beklagen sind. Gesamt wurden in der Schweiz unter Berufung auf die genannten Gründe von 2000 bis 2019 27 Wölfe zum Abschuss freigegeben. Allerdings wurden nur 14 davon erlegt, weil Wölfe ein großes Talent darin haben, sich auch diesen behördlichen Anordnungen zu entziehen.

Der Handlungsspielraum innerhalb der bestehenden Gesetze ist also ziemlich gering. Dazu kommt noch, dass die Ausnahmeparagrafen durchaus verschieden interpretiert werden können und die Fragen, was »andere befriedigende Maßnahmen« als Alternative zum Abschuss von Wölfen wären und ab welchem Punkt der Bestand einer Population als gefährdet zu betrachten ist, reichlich Diskussionsstoff liefern.

Näher käme man dem Ziel eines effektiven Wolfsmanagements, wenn die Gesetze geändert, präziser gefasst oder erweitert werden würden. Die einfachste Maßnahme in dieser Richtung wäre die Verschiebung des Wolfs in den Anhängen der Fauna-Flora-Habitat-Richtlinie. Derzeit wird er für die meisten Länder der EU in Anhang IV gelistet, in dem die streng geschützten Tierarten benannt sind. Streng geschützt werden Tiere, deren Bestand gefährdet ist. Käme man nun im Lichte der erneuten Verbreitung von Wölfen zur Auffassung, sie wären nicht mehr in ihrem Bestand gefährdet, könnte man sie in den Anhang V übersiedeln. Dort befinden sich Arten, die »gemanagt« werden dürfen. Unter diesen Voraussetzungen könnte man Wölfe auf ein gewisses Niveau einregulieren.

Ob in Anhang IV oder Anhang V gelistet – Voraussetzung für die Bejagung von Wölfen ist jedenfalls ein »günstiger Erhaltungszustand« der Wolfspopulation. Was ein solcher Zustand ist, wird in der Richtlinie nur sehr grob skizziert. Zudem wird dieser Erhaltungszustand auf Populationen innerhalb von Staatsgrenzen bezogen, was aus biologischer Sicht keinen Sinn ergibt. Wölfe wandern auf ihrer Suche nach Partnern und Lebensräumen tausend Kilometer und weiter. Von einer »österreichischen« Population zu sprechen wäre also grober Unfug, weil ein Wolf, der heute in Allentsteig zur Wanderung aufbricht, übermorgen schon die Population der Tschechischen Republik bereichern kann. Bei einer allfälligen Novelle der Richtlinie sollte also auch der »günstige Erhaltungszustand« eindeutiger definiert und der Wolfsbestand nicht mehr in nationalen Grenzen, sondern als gesamteuropäischer gesehen werden.

Dass das in absehbarer Zeit geschehen wird, ist eher unwahrscheinlich. Änderungen der FFH-Richtlinie können vom Europäischen Rat nur einstimmig beschlossen werden. Es bräuchte also eine ausgeprägte politische Einigkeit, um Wölfe von der streng geschützten in eine weniger rigoros geschützte Gruppe zu übersiedeln. Zudem müsste die Berner Konvention geändert werden, da diese rechtlich über der Fauna-Flora-Habitat-Richtlinie rangiert.

Leichter erreichbar wäre die Schutzstatus-Änderung des Wolfes durch eine Modifikation der Richtlinie, indem der Schutz der Wölfe nicht mehr für ihr »natürliches Verbreitungsgebiet« (das im Fall der Wölfe ganz Europa sein kann), sondern für »ausgewiesene Schutzgebiete« verordnet wird. Die Fauna-Flora-Habitat-Richtlinie lässt eine Ausweisung von Schutzzonen direkt über Initiative der Kommission zu, und eine Schutzzonen-Ausweisung widerspricht auch nicht der Berner Konvention.

Unter solchen rechtlichen Voraussetzungen könnten Wölfe von Gebieten, in denen man mit ihnen zu viele Probleme hat, ferngehalten und ihr Bestand in Europa gesichert werden.

Frage zur Artenvielfalt

33 IST WOLF GLEICH WOLF, ODER GIBT ES RASSEN WIE BEI DEN HUNDEN?

Rassen nicht, denn »Rasse« ist ein Begriff aus der Tierzucht. Bei Wildtieren spricht man von Unterarten. Davon gibt es beim Wolf mehr als ein Dutzend, die überwiegend geografisch von den anderen Unterarten abgegrenzt leben.

Die Unterscheidung der Unterarten innerhalb einer Art erfolgt nach äußeren Kennzeichen wie Fellfarbe, Größe oder Körperbau. Die Definitionen, die Beschreibung neuer Arten oder Unterarten und Pflege des Bezeichnungssystems ist eine Spezialdisziplin der Biologie, in der sich die Experten nicht selten uneins sind.

Als Urform der Wölfe wird der Eurasische Wolf (*Canis lupus lupus*) betrachtet. Sein Verbreitungsgebiet erstreckt sich über den gesamten eurasischen Bereich, vom äußersten Osten Sibiriens bis zu den Pyrenäen. Bei den in Zentraleuropa heimischen und umher wandernden Wölfen handelt es sich sehr überwiegend um diese, auch »Grauwolf« genannte Unterart.

In Zentralrussland gibt es die deutlich größeren Russischen Wölfe (*Canis lupus communis*) und Tundrawölfe (*Canis lupus albus*), wobei Tundrawölfe bis zu 80 kg schwer werden können.

Im Gegensatz dazu sind die im Süden lebenden Wolfsunterarten recht klein. Dabei handelt es sich um den in Nordafrika vorkommenden Ägyptischen Wolf (*Canis lupus lupaster*) und den auf der Arabischen Halbinsel anzutreffenden Arabischen Wolf (*Canis lupus arabs*). Tiere dieser Unterarten sind äußerst selten – und je nach taxonomischer Schule eventuell auch gar keine Unterarten des Wolfes mehr, sondern eigenständige Arten.

Vom Körperbau und dem Beuteschema vergleichbar ist diesen der in Indien und angrenzenden Ländern beheimatete Pallipeswolf (*Canis lupus pallipes*).

In den dünn besiedelten, kargen Landschaften Zentralasiens ist mit dem Steppenwolf (*Canis lupus campestris*) eine weitere, eher kleine Wolfsart anzutreffen, und am Kaspischen Meer existieren noch Bestände des Kaspischen Wolfs (*Canis lupus cubanensis*).

In Europa kennt man mit dem Iberischen (*Canis lupus signatus*) und dem Italienischen Wolf (*Canis lupus italicus*) zwei spezielle Unterarten. Während der Iberische Wolf im Nordosten Spaniens und Portugals sowie in wenigen südlicher gelegenen Habitaten der Iberischen Halbinsel anzutreffen ist, verbreitet sich der italienische Wolf zusehends von den italienischen Gebirgen in den Norden und Westen. Vertreter des »italicus« wurden auch schon in der Schweiz und den französischen Alpen angetroffen.

In Nordamerika sind Timberwölfe (*Canis lupus lyacon*) in nicht weniger als zwölf Unter-Unterarten heimisch, deren Verbreitungsgebiet vom Südosten Kanadas bis in nördliche Gebiete der USA reicht. In den arktischen Regionen Kanadas und Grönlands leben unter extremen Bedingungen Polarwölfe (*Canis lupus arctos*).

Der Mexikanische Wolf (*Canis lupus baileyi*) ist im Westen Mexikos und dank einer Wiederansiedlung seit Kurzem in den US-amerikanischen Bundesstaaten Arizona, New Mexico und Texas heimisch.

Einige dieser Arten können auch von Laien recht leicht erkannt werden, bei anderen bedarf es eines sehr geschulten Auges, morphologischer Vergleiche oder genetischer Analysen, um eine richtige Zuordnung zu treffen. Fest steht jedenfalls, dass man in Europa nur Grauwölfe, Iberische Wölfe oder Vertreter des »italicus« antreffen wird – wenn man denn überhaupt das seltene Glück hat, einen Wolf in freier Wildbahn zu Gesicht zu bekommen. Ausnahmen bestätigen die Regel: wenn Gehegewölfe den Weg in die Freiheit finden, können auch nordamerikanische Unterarten bei uns durch die Lande ziehen.

Bei entsprechenden Ambitionen der Biologen wäre es gewiss möglich, noch weitere Unterarten zu definieren. Ebenso könnten manche, vor allem aus dem Kataster der Unter-Unterarten, ohne großen Verlust an Eindeutigkeit gestrichen werden.

Bemerkenswert bei der Betrachtung der Wolfsarten und ihrer Verbreitung ist die Tatsache, dass in der südlichen Hemisphäre zwar Arten aus der Familie der »Hundeartigen« (*Canidae*), aber keine der Art *Canis lupus* vorkommen. Wie die Existenz des Arabischen, Ägyptischen oder

Aus dem Bio-Wörterbuch

Zwecks systematischer Einteilung der belebten Natur werden Tiere und Pflanzen mit mehrgliedrigen lateinischen Namen versehen. Das erste Wort des Namens bezeichnet die Gattung, der das Tier oder die Pflanze angehört. Beim Wolf ist diese *Canis*, also die Gattung Hund. Mit dem zweiten Teil des Namens wird die Art bezeichnet. *Lupus* steht für Wolf. Also werden alle Wölfe als *Canis lupus* bezeichnet. Mit einem dritten Namensteil wird die Unterart präzisiert. Zum Beispiel *Canis lupus italicus*, der Italienische Wolf. Die Urform oder als erste beschriebene Form des Tieres wird durch eine Verdopplung des Artennamens bezeichnet, deshalb heißt der Eurasische Wolf *Canis lupus lupus*.

Arabischer Wolf

Iberischer Wolf

Italienischer Wolf

Mexikanischen Wolfs beweist, kämen Wölfe mit den Lebensbedingungen in weiten Bereichen Afrikas, Südasiens und Südamerikas gut zurecht, doch haben sie es – zumindest bisher – noch nicht über den Äquator geschafft. Als einziger »Wolf« des Südens könnte der Äthiopische Wolf (*Canis simensis*) angeführt werden, doch der ist mit den Schakalen deutlich enger verwandt als mit dem Eurasischen Wolf.

34

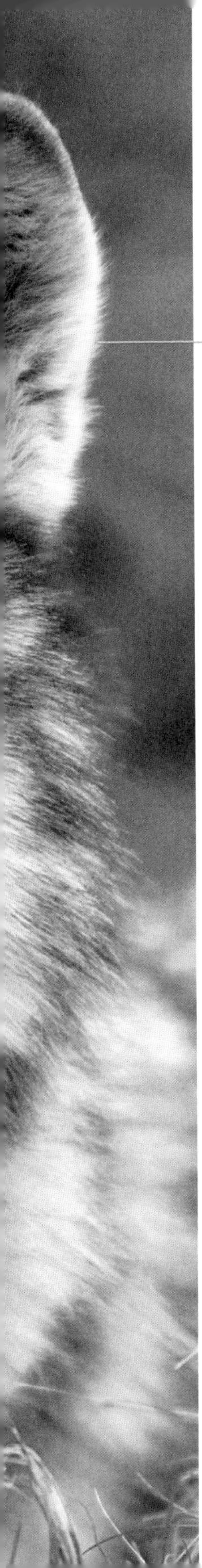

WAS IST AN DIESEM TIER SO SPEZIELL?

Biologisch betrachtet: wenig. Wölfe sind für die naturkundliche Betrachtung eine eher langweilige Art.

Die große Alleinstellung von *Canis lupus* ist seine Anpassungsfähigkeit und seine Verbreitung. Vom Menschen abgesehen gibt es kein anderes Säugetier mit einem vergleichbar großen Lebensraum. Wölfe sind praktisch auf der gesamten Nordhalbkugel heimisch und hätten auch die Voraussetzungen, den Rest der Welt zu besiedeln. Sie kommen mit den eisigen Bedingungen der Polarregion zurecht und leben in den Wüsten der Arabischen Halbinsel. Ihr oberster Anspruch an den Lebensraum ist ein ausreichendes Nahrungsangebot, dazu brauchen sie noch Rückzugsmöglichkeiten für die Aufzucht der Welpen. Mehr verlangen Wölfe nicht von ihrem Lebensraum.

Wölfe pflegen keine spannenden Interaktionen mit anderen Tieren und haben keine speziellen Ansprüche an die Ernährung. Sie erbeuten und fressen, was da ist. Auf der Iberischen Halbinsel sind das häufig Hasen, im hohen Norden sind es Elche und Rothirsche, Wölfe bedienen sich am Abfall von Menschen und an deren Nutztieren, wenn diese nicht ausreichend geschützt sind. Wölfe sind ausgeprägte Opportunisten und dadurch gar nicht speziell. Spannend bei der Beschäftigung mit Wölfen ist die alte und nun wieder neue Frage, wie die Beziehungen der Menschen zu den Wölfen gestaltet werden können. In früheren Zeiten, in denen Wölfe ausschließlich als Schädlinge und Gefahr betrachtet wurden, war die Antwort darauf einfach. Heute wird die Frage differenzierter behandelt – was reichlich Stoff für wissenschaftliche Projekte bietet und interessante Erkenntnisse erbringt.

Wenn Wölfe so langweilig sind

35

WAS INTERESSIERT DIE WISSENSCHAFT AM WOLF?

Vor allem Fragen aus der Verhaltensökologie und der Verhaltensforschung im angewandten Bereich. Denn wie der Wolf grundsätzlich funktioniert, ist längst erforscht.

Das aktuell brisante Thema betrifft die Problematik der Koexistenz von Wölfen und Menschen in stark von Menschen geprägten Gebieten. Da der Wolf überall leben kann, wo er Nahrung und Rückzugsräume findet (▸ Seite 42 und 59), wandert er auch in die Lebens- und Wirtschaftsräume der Menschen ein. Mit der Folge, dass es zu Konflikten kommt: Der Wolf beeinträchtigt wirtschaftliche Interessen der Menschen (Stichwort Weidetierhaltung und Almwirtschaft; ▸ Seite 79 und 85), und Menschen gefährden Wölfe auch dann, wenn sie das gar nicht beabsichtigen – Stichwort Straßenverkehr, dem in Mitteleuropa deutlich mehr Wölfe zum Opfer fallen als Jägern und Wilderern.

Dringend ist noch zu erforschen, wie Wölfe auf Abwehr- und Lenkungsmaßnahmen durch Menschen reagieren. Eine der nur scheinbar banalen Fragen besteht darin, welche Zäune Wölfe respektieren. Im Herdenschutz (▸ Seite 85) kann die Wahl des richtigen Zauns entscheiden, ob Wölfe in einem bestimmten Gebiet weiter geduldet werden oder nicht, ob die Weidetierhaltung in diesem Gebiet weiter aufrecht erhalten werden kann oder nicht, ob der Schutzstatus der Wölfe bleibt, wie er ist, oder die Jagd auf Wölfe wieder legalisiert wird. Nicht zuletzt entscheidet die Effektivität von Herdenschutz darüber, ob Menschen, deren Nutztiere vom Wolf bedrängt werden und die sich vom Gesetzgeber nur unzureichend unterstützt fühlen, zur Selbsthilfe greifen oder nicht.

Viehhalter können nicht ohne Weiteres herausfinden, welcher Zaun wirkungsvoll ist. Dazu braucht es umfangreiche Projekte mit teilweise komplexen Versuchsanordnungen und langer Beobachtungsdauer. Ein solches hat Jasmin Kirsch im Rahmen ihrer Masterarbeit an der Universität für Bodenkultur Wien durchgeführt und in einem Tierpark im Elsass drei Rudel Wölfe mit verschiedenen Zaunsystemen konfrontiert – verschieden in der Höhe, Maschenweite und Farbe. Zwei Jahre Arbeit erbrachten keine eindeutigen Ergebnisse, weil sich die Wölfe individuell recht verschieden verhielten.

Wegen der großen Bedeutung des Herdenschutzes (▸ **Seite 85**), von dem nicht zuletzt abhängt, ob Wölfen in viehwirtschaftlich genutzten Räumen die Existenz gewährt wird, gibt es dazu zahlreiche und umfangreiche Forschungsprojekte. Allen gemeinsam ist eine Grundproblematik: Dass es zu wenige Wölfe gibt, an denen man systematisch forschen könnte. Wegen ihres unregelmäßigen Auftretens und ihres Wandertriebs stehen sie den Beobachtern in der freien Wildbahn nicht dort zur Verfügung, wo man es gerne hätte. Man muss also mit Wölfen in Gehegen arbeiten, die sich naturgemäß ein wenig anders verhalten als völlig naturbelassene Wölfe.

Im Bereich der Verhaltensökologie wird aktuell einer ganzen Reihe von Fragen wissenschaftlich nachgegangen. Hier sind die sozialen Fähigkeiten der Wölfe bis hin zu den Kooperationserscheinungen innerhalb von Wolfsrudeln ein Brennpunkt des Interesses. Um Wölfe besser verstehen zu können, erforscht man auch, ob sie, wie Hunde, menschliche Signale interpretieren können (oder wollen). In einem Forschungsprojekt an der Universität Stockholm versuchte vor Kurzem Christina Hansen Wheat herauszufinden, ob Wölfe Gegenstände apportieren. Die meisten Hunde tun das, ohne dass es ihnen beigebracht worden wäre. Hansen Wheat fand heraus: Manche Wölfe tun das auch. Die Ergebnisse ihrer Arbeit zu generalisieren ist freilich nicht angebracht. Die Wissenschaftlerin arbeitete mit jungen Wölfen, die mit Menschen sozialisiert waren. Dass wilde Wölfe geworfene Stöcke oder Tennisbälle apportieren, ist mehr als zweifelhaft.

Viel zu tun gibt es für Wissenschaftler und Wissenschaftlerinnen noch in der Analyse der Wechselwirkungen zwischen Wildtieren verschiedener Art. Wie zum Beispiel potenzielle Beutetiere auf das Auftreten von Wölfen reagieren und welche weiteren Auswirkungen das auf Ökosysteme haben kann (▸ **Seite 108 und 113**).

Ein Spezialfall in diesem Forschungsgebiet ist die Interaktion zwischen verschiedenen Prädatoren (»Raubtieren«). Wie sich dieses für

Friedliche Koexistenz?

Der Goldschakal wird auch »kleiner Bruder des Wolfs« genannt und besiedelt die gleichen Lebensräume. Ein Gegenstand der aktuellen Forschung besteht in der Klärung der Frage, wie Wölfe mit Goldschakalen in einem Streifgebiet zusammenleben.

manche Beutetiere als nützlich erweisen kann, wird an anderer Stelle dieses Buches skizziert (▸ **Seite 133**). Doch sehr vieles weiß man noch nicht. Aktuell wird beispielsweise in Österreich der Frage nachgegangen, was passiert, wenn Wölfe und Goldschakale in einem gemeinsamen Streifgebiet unterwegs sind. Im Gegensatz zum Auftreten der Wölfe wird die vermehrte Präsenz von Goldschakalen in Mitteleuropa wenig beachtet. Dabei verbreiten sich Goldschakale, die mit Wölfen eng verwandt sind und auch als »kleine Brüder der Wölfe« bezeichnet werden, noch deutlich rasanter als *Canis lupus*. Goldschakale ernähren sich zwar überwiegend von kleinen Tieren und nehmen fallweise pflanzliche Kost, können sich aber wie Wölfe auch an Schafen und Ziegen vergreifen. Wenn Wölfe und Schakale im selben Gebiet auftreten, kann das für Weidetierhalter (und vor allem die Weidetiere) doppelt unangenehm werden. Wie Zwischenergebnisse der bei Drucklegung dieses Buches noch laufenden Forschungsarbeit vermuten lassen, steht das allerdings nicht zu befürchten. Sehr wahrscheinlich gilt die Regel: Kommt der Wolf, geht der Schakal.

36

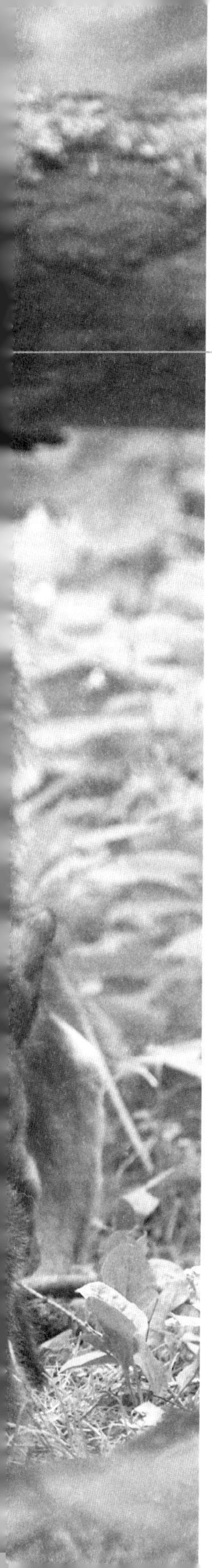

Familienaufstellung

WIE FUNKTIONIEREN WOLFSRUDEL?

Als Zweckgemeinschaften, die bei der Vermehrung, Ernährung und Sicherung ihres Lebensraums sehr erfolgreich sind.

In historischen Berichten, Mythen und Märchen werden Wolfsrudel als organisierte Kampfeinheiten dargestellt. Sie verfolgen ihre Opfer erbarmungslos, mit List und Ausdauer, sind blutgierig und brutal und damit ein Sinnbild der Gefahr. Allein das Wort Rudel löst bei vielen Menschen negative Gefühle aus. Wo sich Gruppen aggressiv zusammenrotten oder marodierend durchs Land ziehen, spricht man von Rudeln. Rudel werden als latent gefährlich empfunden, weil sie ganz plötzlich unerwartet agieren und gewalttätig werden können.

Für Wolfsrudel stimmt fast alles davon nicht. Wolfsrudel sind Familienverbände aus Elterntieren und deren Nachwuchs aus ein bis zwei, selten drei Generationen, deren zentrales Interesse in der erfolgreichen Aufzucht von Jungen besteht. Die gemeinsame Jagd ist nur dort von vitaler Bedeutung, wo große Tiere erbeutet werden müssen. Zu große, für allein auf sich gestellte Wölfe.

Die Kooperation bei der Aufzucht des Nachwuchses ist in den meisten Regionen der zentrale Nutzen der Rudelbildung. Wolfsjunge werden nach einer Tragzeit von 60 bis 65 Tagen zur Welt gebracht. Ein Wurf umfasst bis zu elf Welpen, durchschnittlich sind es vier bis sechs. Etwa 12 Tage sind die Neugeborenen noch blind und etwa ein Jahr sind junge Wölfe auf die Hilfe ihres Rudels angewiesen.

Der Appetit junger Wölfe ist beträchtlich, die Fähigkeit zu jagen entwickeln sie aber erst gegen Ende des ersten Lebensjahres. Es muss also für die Nachzucht viel Fleisch herangeschafft werden. An dieser

Aufgabe beteiligen sich nicht nur die Elterntiere, sondern sämtliche Mitglieder des Rudels.

Bis zur Geschlechtsreife, die nach ein bis zwei Jahren eintritt, bleiben Jungtiere beim Rudel. Dann werden sie durch aggressives Verhalten der Elterntiere dazu getrieben, die Gemeinschaft zu verlassen. Innerhalb eines Rudels vermehrt sich in der Regel nur das Begründerpaar des Rudels. Inzucht ist deshalb selten, und selten sind auch die Rangkämpfe zwischen Tieren verschiedener Generationen.

Die Größe von Wolfsrudeln ist regional verschieden, von der Art der Beutetiere und sehr wahrscheinlich auch vom Verfolgungsdruck abhängig. Bei einer Beobachtung in den Abruzzen stellten die Wissenschaftler nur wenige Rudel mit mehr als vier Tieren fest, hingegen wurde in der Slowakei die durchschnittliche Rudelgröße mit sechs bis neun Wölfen ermittelt und in Weißrussland mit acht bis zehn Tieren. Ausnahmsweise können familienfremde Wölfe in Rudel aufgenommen werden. Das passiert vor allem bei sehr kleinen Rudeln oder wenn eines der Elterntiere umgekommen ist. Doch üblicherweise bleibt der Familienclan unter sich und vertreibt zu- bzw. durchwandernde Wölfe aus seinem Territorium.

Das Abstecken und Verteidigen der Reviergrenzen ist eine zweite, gemeinschaftlich betriebene Aufgabe der in Rudeln lebenden Wölfe. Sie besetzen ein Streifgebiet, nutzen die darin enthaltenen Nahrungsressourcen, markieren und überwachen die Grenzen und leben in diesem Streifgebiet weitgehend stationär. In der kalten Jahreszeit, in der das Nahrungsangebot geringer und das Erbeuten von Wildtieren schwieriger ist, kann es zu Winterwanderungen kommen. Diese führen aber üblicherweise nicht so weit wie die Wanderungen jener Wölfe, die ihre Rudel verlassen haben, um einen Geschlechtspartner und geeigneten Lebensraum zu finden. Wenn das glückt, kann es zur Bildung eines neuen Rudels kommen.

Kooperatives Jagen von Beutetieren wird von Wölfen vor allem in Lebensräumen betrieben, in denen sie wehrhafte, große Tiere zur Strecke bringen müssen. In Skandinavien und Nordamerika reißen Wölfe im Rudel Elche, die bis zu 700 kg schwer werden können. Wenn sie keine ungefährlichere Möglichkeit haben, Beute zu machen, legen sie sich auch mit bis zu 1.000 kg schweren Bisons an. Wo für die Wölfe solche Herausforderungen bestehen, sind meist auch die Rudel größer als in Regionen mit leichterer Beute. Dort bilden sich fallweise auch Gemeinschaften mit Wölfen verschiedener Familien. In Nordamerika konnten mehrfach Rudel mit rund 15 Wölfen beobachtet werden, im Yellowstone Nationalpark wurde ein Rudel mit 25 Tieren dokumentiert.

Die Stabilität so großer Gemeinschaften ist allerdings wegen des darin enthaltenen Aggressionspotenzials und der häufigen Rangkämpfe deutlich geringer als jene der klassischen Familienverbände.

Das soziale Verhalten von Wölfen in freier Wildbahn unterscheidet sich deshalb auch markant von jenem der Wölfe, die in Gehegen oder Zoos gehalten werden. In Gefangenschaft leben Wölfe unnatürlich eng und in unnatürlichen Gemeinschaften beisammen, indem geschlechtsreife Tiere verschiedener Generationen vorhanden sind. Aus Beobachtungen solcher Wölfe wurde eine streng hierarchische Ordnung von Wolfsgemeinschaften abgeleitet, in denen Alpha-, Beta-, Gammatiere etc. existieren und die Rangordnungen immer wieder ausgefochten werden müssen. Bei Wölfen in frei lebenden Rudeln kommt es zu solchen Kämpfen vergleichsweise sehr selten. In diesen Gemeinschaften bestehen klare Hackordnungen in den männlichen und weiblichen Linien, die weniger durch blutige Auseinandersetzungen als vielmehr auf kommunikative Weise aufrecht erhalten und gefestigt werden.

Wölfe verfügen über ein reiches Repertoire in Gestik und Mimik. Der amerikanische Wissenschaftler R. P. Peters hat schon in den 1970er-Jahren herausgefunden, dass Wölfe über 122 Signale verwenden, um sich ihren Artgenossen mitzuteilen. Dazu zählt eine ganze Palette von Gesichtsausdrücken, die man auch von Hunden kennt und die eindeutige Informationen darstellen – von den gehobenen Lefzen und der in Falten gelegten Nase, die Aggressivität signalisieren, bis zu den angelegten Ohren zum Zeichen der Unterwürfigkeit.

Auch die Körper- und Schwanzhaltung oder das Sträuben des Fells an verschiedenen Stellen dienen zum Ausdruck von Positionen und Stimmungen. Dazu kommen Duftmarken durch Absetzen von Urin und Kot und vor allem akustische Signale, die vom Winseln über das Knurren bis zum Bellen und dem berühmten Wolfsgeheul reichen. Dieses Geheul hat eine ganze Reihe von Funktionen. Es kann dazu dienen, einzelne Tiere zum Rudel zu leiten, fremde Wölfe vom eigenen Territorium fernzuhalten oder potenzielle Geschlechtspartner aufmerksam zu machen. Im Chor vorgetragen stärkt es offenbar auch das Zusammengehörigkeitsgefühl.

Für den Zusammenhalt des Rudels haben auch die sogenannten Rendezvousplätze große Bedeutung. An diesen, meistens im lichten Wald liegenden Orten warten die noch nicht zur Jagd fähigen jungen Wölfe. Dort kommen auch die restlichen Wölfe eines Rudels mit schöner Regelmäßigkeit zusammen, um Fellpflege zu betreiben und einander zu beriechen und sich so zu vergewissern, dass das Rudel intakt ist.

Wölfe leben allerdings nicht ausschließlich in Rudeln. Sehr häufig ziehen sie auch allein oder in Paaren durch die Reviere. So existierten im Beobachtungszeitraum 2018/2019 in Deutschland neben den in 105 Rudeln lebenden Wölfen mindestens 25 Paare und 13 stationäre Einzeltiere. Die schlechte Nachricht für Weidetierhalter besteht darin, dass Einzelwölfe deutlich häufiger zu Übergriffen auf Nutztiere neigen als Rudelwölfe. Die gute Nachricht: Einzelwölfe schließen sich zu Paaren zusammen, vermehren sich und bilden neue Rudel. Das kann man je nach Haltung zum neuen Wolfsbestand in Mitteleuropa als gute oder schlechte Nachricht empfinden – je nachdem, ob man die Rückkehr der Wölfe als Bereicherung des Wildtierlebens oder als Bedrohung für das Leben der Nutztiere und die Sicherheit der Menschen betrachtet.

Die gemeinsame Jagd ist eher die Ausnahme als die Regel. Üblicherweise gehen Wölfe allein auf Beutezug. Kooperatives Jagen wird von Wölfen vor allem in Lebensräumen betrieben, in denen sie wehrhafte, große Tiere zur Strecke bringen müssen.

Frage zur Ahnenforschung

37

WIE WURDE AUS DEM WOLF DER HUND?

Durch einen einzigartigen Domestizierungserfolg. Unter allen Nutztieren gehen Hunde die engsten sozialen Beziehungen mit Menschen ein, und mit dieser Beziehungsfähigkeit wurden sie zu den ersten Haustieren.

Wölfe waren für die Menschen früherer Zeitalter kein geringes Problem, nämlich die am schwierigsten abzuwehrenden Raubtiere. Bär, Luchs, Vielfraß und was da sonst noch den Viehbestand reduzieren wollte, war vergleichsweise leicht zu vertreiben, die schlauen und im Kollektiv jagenden Wölfe aber eine stete Gefahr. Zum Ausgleich dafür gewannen die Menschen aus dem Wolf den Hund, ihren nützlichsten Begleiter.

Wann und wo die Domestizierung von Wölfen erstmals gelungen ist, lässt sich nicht sagen. Bezüglich des Ursprungs der Haushunde werden zwei Theorien diskutiert. Eine geht davon aus, dass sich Haushunde unabhängig voneinander sowohl in Europa als auch in Ostasien entwickelt haben. Neuere Arbeiten sehen ausschließlich Europa als Ursprungsregion der Haushunde.

Sehr wahrscheinlich passierte die Übernahme der Wildtiere in die Haushalte in mehreren Gebieten ziemlich zeitgleich, und sehr wahrscheinlich war der Prozess kein kontinuierlicher. Erste paläontologische Hinweise auf Haushunde in Europa datieren aus dem Jungpaläolithikum. Im deutschen Oberkassel (bei Bonn) gefundene und Haushunden zugeordnete Knochen sind ca. 14.000 Jahre alt, in der Kniegrotte in Thüringen fand man dergleichen mit einem Alter von ca. 13.000 Jahren.

Wobei eine große Schwierigkeit in der biologischen Zuordnung besteht: Woran lässt sich bei Knochen von Kaniden erkennen, ob sie einem (wilden) *Canis lupus* oder einem (domestizierten) *Canis lupus familiaris* gehörten? Am ehesten an Schädelmerkmalen, zum Beispiel am Abstand zwischen den Backenzähnen. Was aber nur ein sehr ungefähres Bestimmungsmerkmal ist.

Eine ungleich präzisere Methode sind DNA-Analysen. Die entsprechenden Grundlagen für die Unterscheidung zwischen Wolf und Haushund lieferten Forscher der Universität Uppsala, Schweden, die Anfang der 2010er-Jahre die Genome von 60 Haushunden verschiedener Rassen und zwölf Wölfen auf signifikante Unterschiede untersuchten. Sie fanden 36 DNA-Sequenzen mit 122 Genen, die eine eindeutige Zuordnung möglich machen. 19 dieser Gene sind für die Steuerung der Hirnfunktionen verantwortlich, können also das Verhalten des Lebewesens beeinflussen und entscheidend sein, ob das Tier mehr oder weniger aggressiv agiert, was es toleriert und was nicht. In diesem Bereich besteht der für die Domestizierung entscheidende Unterschied zwischen Wölfen und Haushunden.

Acht Gene wirken auf den Stoffwechsel und davon drei auf den Abbau von Stärke. Im Gegensatz zu Wölfen, die sich fast ausschließlich von Fleisch ernähren, können Haushunde Kohlenhydrate recht gut verwerten. Die Fähigkeit dazu haben sie sehr wahrscheinlich in der Jungsteinzeit, etwa vor 12.000 Jahren, erworben, als der Ackerbau massiv an Bedeutung gewann und stärkehaltiges Getreide wesentlich für die Ernährung der Menschen wurde. Finden sich solche »Stärke-Abbau-Gene« in der DNA, stammt sie sicher nicht von einem genetisch reinen Wolf.

Die Trennung der Genome hat naturgemäß gehörig Zeit in Anspruch genommen und sich laut aktuellem Forschungsstand vor 20.000 bis 40.000 Jahren zugetragen. Dass die frühen Haushunde den meisten unserer heutigen Hunde in der Gestalt geähnelt haben, ist auszuschließen. Sie werden in Größe und Körperbau dem Wolf sehr nahe gewesen sein. Die Zucht auf gewisse Eigenschaften, Fähigkeiten und äußerliche Merkmale wurde erst relativ spät betrieben. Noch in der Älteren Eisenzeit, bis etwa 800 v. Chr., zeigen die Fossilien von Haushunden wirre Unterschiede. Hinweise auf Zuchterfolge gibt es erst deutlich später. So wurden in germanischen Rechtsschriften aus der Zeit vom 5. bis zum 9. Jahrhundert zwölf Hunderassen für verschiedene Verwendungszwecke angeführt.

Ein Boom in der Rassehundezucht setzte im 19. Jahrhundert ein, als Haushunde nicht mehr nur als Gebrauchstiere, sondern auch für Vergnügungen und soziale Aufgaben gehalten wurden – Stichworte

»Haushund und Wolf unterscheiden sich genetisch zu etwa 0,01 Prozent.«

Carsten Nowak, Leiter des Fachgebiets Naturschutzgenetik an der Außenstelle des Senckenberg-Forschungsinstituts in Gelnhausen, Hessen

Die Unterscheidung zwischen Wolf und Hund ist fallweise schwierig. Das Bild unten zeigt einen Grauwolf, das obere einen Tschechischen Wolfshund.

dazu sind Schoßhund, Hunderennen und Hundekämpfe. Seither entstehen Haushunde in unterschiedlichsten Gestalten, vom 20 cm kurzen Rattler bis zur 100 kg schweren Dogge. Die amtlich registrierte Hunderasse mit der nächsten Nähe zu *Canis lupus* ist der Tschechische Wolfshund. Der ähnelt dem Wolf nicht nur äußerlich frappant, sondern hat auch noch etwas vom Wolfsgemüt. Er wird als furchtlos und aufgeweckt beschrieben und als »definitiv kein Hund für Anfänger« klassifiziert.

Die optischen Gemeinsamkeiten zwischen Wölfen, Wolfshunden und Mischlingen mit einem hohen Anteil an Wolfs- oder Schäferhund können eine Unterscheidung der Arten schwierig machen. So bestehen bei vielen »Wolfssichtungen« berechtigte Zweifel, ob tatsächlich ein Wolf beobachtet, gefilmt oder fotografiert wurde, oder doch nur ein streunender Haushund. An einigen Merkmalen lässt sich die Frage entscheiden. Der Zoologe Günther Peters beschrieb folgendermaßen, worauf der Beobachter sein Augenmerk legen muss:

- Die Fellzeichnung ist bei Haushunden meist nicht so deutlich differenziert wie bei Wölfen.
- Die Ruhehaltung des Schwanzes ist bei Wölfen kurz distal (Anm. von der Körpermitte entfernt) von der Schwanzwurzel fast senkrecht nach unten abgeknickt, höchstens wenig angehoben und am Ende leicht aufwärts gebogen – nicht wie bei Hunden relativ hoch gehalten, bisweilen auch zur Seite gekrümmt und mit deutlich nach oben gebogener Spitze.
- Das Schwanzende ist bei Wölfen nicht wie bei manchen Hunden aufgeringelt.
- Die Ohren des Wolfes sind immer aufrecht, deren Spitzen nicht abgeknickt.
- Die Stellung der Ohren ist bei Wölfen relativ weit seitlich am Kopf.
- Die Rückenlinie des stehenden Wolfes ist ziemlich waagerecht.
- Die Trittsiegel eines Haushundes sind relativ kürzer und breiter als die eines Wolfes.

Beim flüchtigen Anblick eines wolfsartigen Tiers in freier Wildbahn wird eine präzise Bestimmung anhand der geringen Unterschiede zwischen den Arten schwer möglich sein. Durch die moderne Fototechnik, die heute in jedem Mobiltelefon steckt, lassen sich allerdings leicht Bilddokumente anfertigen, die möglicherweise die Frage entscheiden helfen, ob Wolf oder Hund. Und dennoch: letzte Gewissheit bringt nur die Genetik.

Beziehungsfrage

38 WIE GUT VERTRAGEN SICH WOLF UND HUND?

Ganz unterschiedlich. Es existieren Feindschaften, die blutig und mitunter bis in den Tod ausgetragen werden. Aber unter passenden Bedingungen kommen Wolf und Hund einander auch sehr freundlich näher.

Die Kommunikationsbasis zwischen Wolf und Hund ist vor allem von der Rasse und Funktion des Hundes abhängig. Herdenschutzhunde werden keinem Wolf freundlich begegnen und reagieren auf das Auftauchen von Wölfen mit höchster Aggression. Darauf werden Herdenschutzhunde konditioniert, indem man sie mit den Weidetieren sozialisiert. Sie verstehen sich als Teil der Herde und verteidigen die ihnen anvertrauten Tiere bedingungslos.

Wölfe hingegen reagieren auf Hunde extrem feindselig, wenn diese in ihr Territorium eindringen. Die Halterinnen und Halter von Haushunden müssen deshalb allerdings nicht besorgt sein. Spaziergänge und Wanderungen mit dem Hund führen in aller Regel durch keine Wolfsreviere. Daher sind auch nur wenige Fälle bekannt, in denen Haushunde durch Wölfe zu Schaden gekommen sind.

Problematisch kann das einschlägige Wolfsverhalten unter speziellen Bedingungen für Jagdhunde werden. Bei Bewegungsjagden schicken die Jäger Hunde voraus, damit diese das Wild aus der Deckung bringen. Geraten solche Hunde auf Wolfsterrain, kann aus dem Jagdhund ganz plötzlich ein gejagter Hund werden.

In Finnland, wo Drückjagden auf Weißwedelhirsche und Elche häufig durchgeführt werden, haben Wissenschaftler der Universität von Oulu und des Instituts für Natürliche Ressourcen »Luke« Wolfsattacken auf Jagdhunde analysiert und sind zu der Erkenntnis gelangt, dass die Angriffe deutlich häufiger an den Grenzen der Territorien als in deren Innerem stattfinden – ein Beleg dafür, dass Wölfe die Grenzen ihres Reviers überwachen und nicht nur gegen andere Wölfe, sondern auch gegen Hunde schützen. Da bei Drückjagden kleine, dem Wolf physisch unterlegene Stöberhunde zum Einsatz kommen, enden derartige Wolf-Hund-Begegnungen nicht selten mit einem toten Hund.

In besiedelten Gebieten werden Hunde von Wölfen auch als Beute angenommen. Die entsprechenden Bilder von Überwachungskameras und Aufnahmen mit Smartphones sind ebenso beklemmend wie verstörend. Die Opfer von Wolfsangriffen sind fast ausschließlich streunende Hunde oder solche, die im Freien – etwa einem Garten oder Bauerngehöft – gehalten werden. Die entsprechenden Dramen folgen überwiegend einem einheitlichen Plot. Der Hund kläfft und stellt sich dem Wolf. Der Wolf taxiert den domestizierten Artgenossen, kommt nach kurzer Zeit zum Befund, dass er von dem Hund nichts zu befürchten hat und tötet den Hund in wenigen Sekunden. So gesehen und gefilmt in der Türkei, in Rumänien und in Deutschland.

Es geht auch friedlicher. Wölfe und Haushunde gehören biologisch zur selben Art, können sich also problemlos verpaaren. Voraussetzung dafür ist freilich, dass der Hund für den Wolf eine attraktive Größe hat. Hunde kleiner Rassen kommen für Wölfe allenfalls als Speise, nicht aber als Geschlechtspartner in Frage.

Durch die Verpaarung von Wölfen mit (zumeist verwilderten) Haushunden sind in der langen Entwicklungsgeschichte des Haushunds eine Menge Gene des *Canis lupus familiaris* in das Erbgut der diversen Wölfe gelangt. Da einmal eingekreuzte Gene aus dem Erbgut nicht mehr wegzukriegen sind, sondern über die Generationen lediglich an Bedeutung verlieren, ist davon auszugehen, dass die sehr überwiegende Zahl von Wölfen Haushundspuren in ihrem Erbgut trägt.

Manche Wissenschaftler sehen Wolf-Hund-Hybride skeptisch und schlagen Gegenmaßnahmen vor. Die Problematik wird unter anderem darin gesehen, dass durch fortwährende Einkreuzungen von Haushund-Erbgut das »reine« Genom des Wolfs verloren geht. Puristisch veranlagte Biologen mögen das bedauern, de facto ist es aber der Grundsatz der Evolution, dass Erbgut nicht stabil erhalten bleibt, sondern fortwährenden Veränderungen unterworfen ist. Ob nun Haushund-Gene in das Wolfsgenom gelangen oder Kojotengene oder Gene von Schakalen oder sich das Wolfsgenom durch Mutationen ändert, läuft alles auf dasselbe Resultat hinaus. Der römische Dichter Ovid hat

»Wölfe sind gegenüber Artgenossen toleranter und kooperativer als es Hunde untereinander sind.«

Friederike Range, Leiterin des Wolf Science Center der Veterinärmedizinischen Universität Wien, Ernstbrunn, Niederösterreich

das schon vor 2000 Jahren erkannt und schrieb: »Keines verbleibt in derselben Gestalt, und Veränderung liebend schafft die Natur stets neu aus anderen andere Formen.« Warum also sollte das Wolfsgenom in der gleichen Gestalt bleiben, mit und ohne Haushunde-Einkreuzungen?

Dazu stellt sich die Frage, was denn das »reine« Wolfsgenom wäre. Sämtliche Artefakte der Museen und Archive, aus denen historisches Erbgut analysiert werden könnte, stammen aus Zeiten, in denen es schon längst *Canis lupus familiaris* gab. Die Präsenz von Genen des Haushunds ist im untersuchten Wolfsgenom also nicht nur nicht auszuschließen, sondern höchstwahrscheinlich.

Abgesehen von der Verfälschung des »reinen« Erbguts kann die Anreicherung des Wolfsgenoms mit Haushundgenen tatsächlich problematische Folgen haben. Es können dadurch auch Verhaltensweisen des *Canis lupus familiaris* auf Wölfe übergehen. Wenn Wölfe beispielsweise à la Haushund die Scheu vor dem Menschen verloren haben, sich sonst aber weiter wie Wölfe verhalten, besteht Gefahr für Leib und Leben. Vor allem weniger wehrhafte Menschen, wie Kinder und gebrechliche Personen, könnten ganz leicht ins Beuteschema solcher zutraulicher Wölfe gelangen.

Der fortschreitenden Hybridisierung entgegenzuwirken ist eine schwierige Aufgabe. Die Voraussetzung dafür – Kontaktmöglichkeiten zwischen Wölfen und Haushunden – lässt sich nicht beseitigen. Die Entnahme von Wolf-Hund-Hybriden aus den Wolfspopulationen bereitet ebensolche Probleme. Die beginnen damit, dass sich der Grad der Hybridisierung gar nicht leicht feststellen lässt. Ist viel Haushund in den Wolf eingekreuzt, lässt sich das fallweise mit freiem Auge erkennen – etwa an auffällig gerundeten Ohren, die bei »reinen« Wölfen nicht vorkommen. Eine weitaus zuverlässigere Methode wäre die Genom-Analyse. Dabei lässt sich beispielsweise feststellen, ob in einer vorliegenden Probe von Wolfserbgut Gene vorhanden sind, die der Wolf nicht, der Haushund aber sehr wohl hat. Man kann beispielsweise nach jenem Gen suchen, das für die Bildung des Enzyms Amylase zuständig ist. Amylase dient im Verdauungsprozess zum Abbau von Stärke. Da sich Wölfe fast ausschließlich von Fleisch ernähren, brauchen sie dieses Enzym nicht und tragen das Gen auch nicht im Erbgut. Der Aufwand eines derartigen Projekts, noch dazu im großflächigen Stil, lässt sich natürlich nicht finanzieren und steht in keinem Verhältnis zur bestehenden Problematik.

Es werden auch radikalere Methoden angedacht. So hat Luigi Boitani von der Universität Bologna die Ausrottung des *Canis lupus italicus*, der ganz unzweifelhaft Haushundgene in sich trägt, zur Diskussion gestellt. Alternativ wird überlegt, ob man Wolf-Hund-Hybride einfangen, sterilisieren und anschließend in Gefangenschaft halten sollte, um der fortschreitenden Hybridisierung der in den von Menschen besiedelten Gebieten Italiens lebenden Wolfspopulationen entgegenzuwirken. Bei einer 2019 durchgeführten Expertenbefragung haben sich immerhin 50 % der Wissenschaftler für diese Maßnahme ausgesprochen.

Während der erste Vorschlag allein aus tierethischen Gründen in absehbarer Zeit nicht mehrheitsfähig werden wird, scheitert die Umsetzung des zweiten höchstwahrscheinlich an den damit verbundenen Kosten.

Also werden sich auch Verfechter eines genetischen Reinheitsgebots damit anfreunden müssen, dass Haushund und Wolf nicht nur eine gemeinsame Stammesgeschichte, sondern auch Überlappungen im Erbgut haben. Was man nicht bedauern muss. Derartiges kommt auch beim Menschen vor: Im Genom moderner Europäer stecken nicht weniger als 4 % Neandertaler-Gene.

Canis lupus italicus, der Italienische Wolf: Kleiner als andere Wolfsunterarten und ausnahmslos mit Haushundgenen im Erbgut.

39

ABER WO KANN MAN WÖLFE BEOBACHTEN?

Am ehesten in Zoos und Gehegen. Allerdings verhalten sie sich dort nicht ganz so, wie in der freien Wildbahn.

Die Beobachtung frei lebender Wölfe setzt gute Revierkenntnisse oder viel Glück voraus. Häufig beides. Denn Wölfe sind äußerst scheue Tiere und überwiegend nachtaktiv. Nur dort, wo sie Menschen nicht zu fürchten brauchen, sind sie auch tagsüber unterwegs und fallweise sogar an Menschen interessiert.

In Schutzgebieten, in denen sich Wölfe schon längere Zeit etabliert und die Harmlosigkeit von Menschen begriffen haben, bestehen ganz gute Chancen auf Wolfsbeobachtungen. Wo Wölfe hingegen offiziell bejagt oder illegal verfolgt werden, bekommt man sie nur sehr ausnahmsweise zu Gesicht. Deshalb gibt es wenige Aufnahmen von Wölfen aus den Alpen in Frankreich, den Karpaten oder dem Dinarischen Gebirge, wo den Wölfen legal oder illegal nachgestellt wird, und vergleichsweise viele aus den streng geschützten Wolfsrevieren Deutschlands. In Sachsen und speziell in der Lausitz ist die Sichtung von Wölfen nicht mehr außergewöhnlich. Auch am österreichischen Truppenübungsplatz Allentsteig schnüren die grauen Jäger tagsüber durchs Gelände.

Die Möglichkeit zur Beobachtung bietet sich vor allem an sogenannten Rendezvousplätzen. An solchen Orten kommen die Wölfe eines Rudels immer wieder zu Kommunikation und Körperpflege zusammen. Revierkundige Wildbeobachter wie Jägerinnen und Jäger können solche Plätze ausfindig machen und sich dann mit großer Wahrscheinlichkeit an wiederholten Wolfsbeobachtungen erfreuen.

Manchmal passieren solche auch völlig zufällig, wenn beispielsweise Wölfe auf der Suche nach Nahrung nachts durch Siedlungsgebiete und die Vorgärten der Häuser streifen. Auch solche Aufnahmen gibt es zahlreich im Internet.

Die ergiebigsten Wolfsbeobachtungen gestattet die moderne Kommunikationstechnik. Für wissenschaftliche Beobachtungen werden Wölfe mit GPS-Sendern ausgestattet, die je nach Einstellung in bestimmten Intervallen Positionsmeldungen der Wölfe übermitteln. So lässt sich punktgenau verfolgen, wo sich die besenderten Wölfe herumtreiben, woher sie kommen und wohin sie gehen.

Derartiges Wolfsmonitoring hat allerdings seinen Preis. Groben Schätzungen zufolge wird in Deutschland pro Jahr eine Million Euro für die Beobachtung der Wölfe aufgewendet. Davon allein im Bundesland Sachsen mehr als 250.000 Euro. Die Kosten der Besenderung sind kein kleiner Teil davon.

Vor allem Jäger haben in ihren Revieren immer öfter Wildkameras aufgehängt, die beim Vorbeilaufen eines Wildtieres Fotos schießen oder gar Videos drehen. Viele Wolfsbeobachtungen stammen aus diesen Überwachungssystemen.

Zwar ist der Mensch ein Augentier und will daher seine Suche immer mit Bildern zum Erfolg bringen, doch die ultimative Wolfserfahrung ist sicherlich ein heulendes Rudel im dunklen Wald. Viel Vergnügen!

Wo Wölfe offiziell bejagt oder illegal verfolgt werden, bekommt man sie nur sehr ausnahmsweise zu Gesicht. In Gebieten mit starkem Wolfsschutz – wie in Deutschland und Österreich – bestehen weit bessere Aussichten auf die Beobachtung von Wölfen.

Biosphärenreservat Oberlausitzer Heide- und Teichlandschaft, Sachsen. Ein abwechslungsreiches Mosaik aus Offenland und geschlossenen Waldgebieten bietet den hier lebenden Wölfen günstige Jagdbedingungen auf Rehe, Hirsche und Wildschweine.

40

WAS TUN, WENN MAN DEM WOLF AUG' IN AUG' GEGENÜBERSTEHT?

Erstens: Ruhe bewahren. Zweitens: Sich freuen, wenn man seltene Naturerlebnisse zu schätzen weiß.

Wie an anderer Stelle dieses Buches beschrieben wird und die Statistik zeigt, stellen Wölfe nur eine geringe Gefahr für Menschen dar (▸ Seite 29). Allenfalls neigen an Tollwut erkrankte oder an Menschen gewöhnte Wölfe zu gewalttätigen Übergriffen. Tollwut ist in Österreich, Deutschland und der Schweiz sowie in den meisten anderen europäischen Staaten ausgerottet. An Menschen gewöhnte Wölfe gibt es nur ganz wenige. Das mag sich in den nächsten Jahren vor allem in Regionen ändern, in denen Wölfe unter ausnahmslosem Schutz stehen. In diesen Gebieten können junge und neugierige Tiere ein ungewöhnliches Interesse an Menschen zeigen und sich diesen ungebührlich nähern. Deshalb gibt es beispielsweise aus Deutschland bereits Videos von Wölfen, die sich nah an Menschen wagen. Aus Serbien und Russland, wo Wölfen die Gefährlichkeit von Menschen beständig im Gedächtnis gehalten wird, kennt man keine solchen Bilder.

Da Menschen nicht dem Beuteschema von Wölfen entsprechen, sollte bei einer Begegnung mit dem Wolf die erste Botschaft der Vernunft also lauten: Entwarnung. Das gilt für erwachsene Menschen. Kleine Menschen, die dazu noch laufen (flüchten), vermitteln dem Wolf schon einen anderen Eindruck.

In aller Regel meiden Wölfe die Begegnung mit Menschen. Das können sie leicht tun. Dank ihres exzellenten Gehörs und ihres Geruchs-

Die österreichische Koordinierungsstelle für den Braunbären, Luchs und Wolf (KOST) hat für das Verhalten bei Begegnungen mit Wölfen sehr detaillierte Handlungsanweisungen ausgearbeitet.

sinns (▸ **Seite 116**) wissen sie über die Annäherung von Menschen Bescheid, lange bevor sich ihre Wege mit denen der Menschen kreuzen.

Unvermeidlich kann die Konfrontation mit einem Wolf – genauer: einer Wölfin – werden, wenn man in eine Wolfsbehausung mit Welpen stolpert. In diesem Fall wird sich die Wölfin nicht verziehen, sondern entschlossen dafür sorgen, dass der Mensch den Platz des zufälligen Rendezvous räumt.

In seiner umfangreichen Arbeit über Wölfe gibt John Linnell vom Norwegischen Institut für Naturforschung zehn Empfehlungen für das Verhalten in Wolfsgebieten und im Fall einer Wolfsbegegnung:

- Dem Wolf nicht gestatten, dass er sich mehr als 100 m nähert.
- Arme bewegen und in die Höhe strecken, um möglichst groß zu erscheinen.
- Wenn man in einer Gruppe unterwegs ist: Gemeinsam agieren und dem Wolf oder den Wölfen ein deutliches Zeichen geben, dass sie nicht willkommen sind.
- Sich langsam zurückziehen. Dabei dem Wolf oder den Wölfen nicht den Rücken zukehren.
- Lärm machen, Stöcke, Steine oder Sand werfen.
- In Gebieten mit Wolfsvorkommen Kindern nicht gestatten, abseits der Gruppe zu spielen. Kinder immer unter Beaufsichtigung von Erwachsenen lassen. Hunde angeleint lassen oder am besten gar nicht erst in Wolfsreviere mitnehmen.
- Lagerplätze immer sauber und ordentlich halten. Nahrung immer abseits der Schlafplätze lagern. Nahrung, Abfälle etc. außer Reichweite von Wölfen oder unter Verschluss halten.
- Abfall nicht verbrennen.
- Geschirr in dafür mitgebrachten Behältern waschen. Abwaschwasser am besten im Meer entsorgen.
- Am Meer die Notdurft am besten in Bereichen unterhalb der Hochwassermarke und nicht im erhöhten Gelände verrichten, da Wölfe auch Exkremente fressen.